GAODENG YUANXIAO JINGPIN
GUIHUA JIAOCAI

高等院校精品规划教材

U0148598

AutoCAD在建筑工程中的应用

◎ 张华 编著

中国水利水电出版社
www.waterpub.com.cn

内 容 提 要

本教材介绍了 AutoCAD 2007 中文版绘图软件的特点、功能以及操作方法。共 13 章，分别为：AutoCAD 基础、绘图基本设置、基本绘图命令、基本编辑命令、文字注写、尺寸标注、图案填充、图块、设计中心及辅助功能、绘制建筑施工图、三维造型、高级三维造型的方法与应用、图形输出与打印等内容，还附有大量的实验上机练习题。

本教材内容充实，图文并茂，结合建筑工程行业的实际需要，突出了实用性，介绍施工图的绘制步骤和技巧，并且用三维命令绘制出建筑物的三维造型图像，适合建筑工程设计类专业的工作要求，也有助于其他专业学生对该行业进行了解。

本教材可作为工科类院校本、专科有关课程的教材，也可作为专业技术人员和 AutoCAD 用户的自学参考书。

图书在版编目（CIP）数据

AutoCAD 在建筑工程中的应用 / 张华编著. —北京：中
国水利水电出版社，2009
高等院校精品规划教材
ISBN 978-7-5084-6255-4

Ⅰ. A…　Ⅱ. 张…　Ⅲ. 建筑制图—计算机辅助设计—应
用软件，AutoCAD 2007—高等学校—教材　Ⅳ. TU204

中国版本图书馆 CIP 数据核字（2009）第 009861 号

书　　名	高等院校精品规划教材 AutoCAD 在建筑工程中的应用
作　　者	张华　编著
出 版 发 行	中国水利水电出版社（北京市三里河路 6 号　100044） 网址：www.waterpub.com.cn E-mail：sales@waterpub.com.cn 电话：(010) 63202266（总机）、68367658（营销中心）
经　　售	北京科水图书销售中心（零售） 电话：(010) 88383994、63202643 全国各地新华书店和相关出版物销售网点
排　　版	北京民智奥本图文设计有限公司
印　　刷	北京市地矿印刷厂
规　　格	184mm×260mm　16 开本　14.25 印张　356 千字
版　　次	2009 年 2 月第 1 版　2009 年 2 月第 1 次印刷
印　　数	0001—5000 册
定　　价	26.00 元

前　　言

　　AutoCAD 是美国 Autodesk 公司开发的计算机绘图软件，自 1982 年 12 月推出 AutoCAD1.1 版本开始，至今已有 26 年，途中经过了 10 多次的版本升级，如今已在建筑、机械、电子、航空航天、造船、纺织等领域得到了广泛的运用。它的出现使广大的工程技术人员从繁重的手工绘图中解脱出来，率先实现了设计行业的现代化作业，大大地提高了设计效率，成为了当前世界上应用最广泛的软件包之一。AutoCAD 2007 中文版是 Autodesk 公司最新推出的 CAD 绘图设计软件，与以前的版本相比其功能更强大，命令更简捷，操作更方便。

　　本教材介绍了 AutoCAD 2007 中文版绘图软件的绝大部分命令，以及这些命令的功能、操作方法和应用技巧。全书共分为 13 章，分别为：AutoCAD 基础、绘图基本设置、基本绘图命令、基本编辑命令、文字注写、尺寸标注、图案填充、图块、设计中心及辅助功能、绘制建筑施工图、三维造型、高级三维造型的方法与应用、图形输出与打印等内容。

　　本教材内容充实，图文并茂，结合建筑工程行业的实际需要编写，突出了实用性，详细地叙述了一栋房屋建筑施工图的绘图过程，说明了 AutoCAD 在二维平面上建筑设计的作图步骤和绘图技巧，介绍了房屋在三维空间的建模过程和步骤，并用三维命令绘制出建筑物的三维造型图像。

　　本教材还附有大量的实验上机练习题，读者可通过练习，更好地掌握 AutoCAD 2007，以适应建筑工程设计类专业的工作需要，也有助于其他专业学生对该行业进行了解。

　　本教材是浙江工业大学重点建设教材，由张华主编，参加编写的还有赵阳、赵锋、陆萍等。在教材的编写的过程中许多同事为本书的编写提供了很多有益的帮助，在此一并表示感谢。

　　由于编写时间仓促，书中难免存在一些不足，恳请各位同仁和读者批评指正，以便我们再版时予以修改和补充。

编者

2008 年 12 月

写 法 的 说 明

1. "↙" 表示回车。

2. 从下拉菜单输入命令时用""和→表示，如下拉菜单"绘图"→"圆"→"相切、相切、半径"。

3. 键盘上的键用键盘上的符号加一个矩形框来表示，如 F1 表示 F1 键，Ctrl 表示 Ctrl 键，Enter 表示回车键。

4. 组合键。键名 1 和键名 2 同时按下时，先按键名 1，再按键名 2，然后同时释放该两键，如 Ctrl + C。

5. 正文中小五号宋体字为操作时命令行显示的内容，下划线上的文字由用户操作，后面括号里的文字为作者说明。

目　录

第 1 章　AutoCAD 基础

AutoCAD 是美国 Autodesk 公司推出的一个通用的计算机辅助设计软件包，是常见和有效的绘图工具，它具有符合人性化的设计界面和操作方式，能最大限度地满足用户的需要。它使用方便，适用性强，还具有强大的二次开发功能，已广泛应用于机械、土木、建筑、城市规划、电子、航空等领域，大大地提高了设计效率，成为当前世界上应用最为广泛的软件包之一。

1.1　AutoCAD 的主要功能

AutoCAD 是一种功能很强的绘图软件，主要在微机上使用，它能根据用户的指令迅速而准确地绘制所需要的图样，它可以进行多文档管理，用户可以在屏幕上对多张图样进行操作，快速调用已有的资源，并能输出清晰的图纸，其主要功能如下。

（1）完善的图形绘制功能。用户可以通过键盘输入命令及相关信息、选取系统提供的菜单命令或单击工具栏中的相关按钮等方法，迅速而准确地绘制图形，它是传统的绘图工具无法比拟的一种高效的绘图工具，大大地减轻了绘图的工作量。

（2）强大的图形编辑功能。AutoCAD 的强大功能不仅体现在绘图上，更主要的是具有对已经绘制好的图形进行编辑和修改的能力，它可以对一个或多个文件进行修改，图形可以在编辑中删除、复制、移动、旋转等，还可以改变线型和线宽等。

（3）图形的显示功能。AutoCAD 可以在屏幕上任意调整图形的显示比例，用户可以方便地将图形放大或缩小，观察图纸的局部或全貌，还可以同时打开多个图形文件，并在多个图形之间快速复制图形和图形特性。

（4）文字和尺寸输入功能。文字和尺寸的输入是图样中不可缺少的部分，它能和图形一起表达完整的设计思想，AutoCAD 提供了很强的文字处理功能，支持 TrueType 字体和扩展的字符格式等。尺寸标注的样式用于控制尺寸的外观形式，是一组尺寸参数，这些参数可以在对话框中直观进行修改，使用时能自动测量，精确标注。

（5）打印输出功能。计算机绘图的最终目的是将图形输出打印在图纸上，AutoCAD 可以与不同品牌、不同型号的常见绘图仪和打印机进行连接，绘制出高质量的图纸。

（6）三维造型和渲染功能。AutoCAD 有较强的三维造型和渲染功能，可以在屏幕上绘制三维图形的模型，方便地进行编辑，动态地进行观察。

（7）高级扩展功能。AutoCAD 中包含了一系列具有程序形式的文件，如形文件、菜单文件、命令文件、AutoLISP 等，使用它可以完成计算与自动绘图的功能，使绘图工作趋于自动化和程序化。用户还可以使用 C、C++、VB 等编程语言来处理比较复杂的问题，或进行二次开发。

1.2　AutoCAD 2007 的安装

用户安装 AutoCAD 2007 绘图软件，安装步骤如下：

（1）在 CD-ROM 驱动器中放入"AutoCAD 2007"安装盘，在安装盘所在的驱动器中双击其安装程序，弹出"欢迎"对话框，如图 1.1 所示。

图 1.1 "欢迎"对话框

（2）单击"进入 AutoCAD 2007 安装界面"按钮，弹出"媒体浏览器－AutoCAD 2007"对话框，如图 1.2 所示。

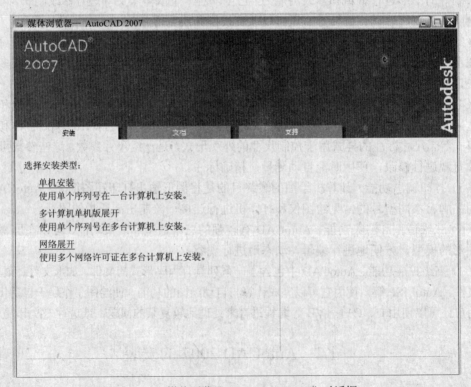

图 1.2 "媒体浏览器－AutoCAD 2007"对话框

（3）单击"单机安装"。在"安装 AutoCAD 2007"下，单击"安装"，弹出一个"安装向导"对话框，启动 AutoCAD 2007 安装向导，如图 1.3 所示。

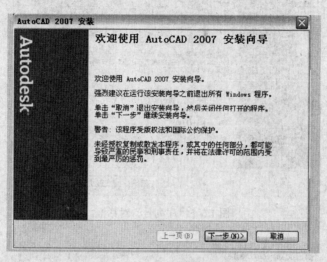

图 1.3　"安装向导"对话框

（4）单击"下一步"按钮，显示关于软件使用的许可协议，如图 1.4 所示。在用户安装协议中，说明了用户的权利和义务，用户阅读协议内容并表示同意后，才能完成安装。要接受协议，请选择"我接受"，然后单击"下一步"按钮。注意如果不同意协议的条款，请单击"取消"按钮以取消安装。

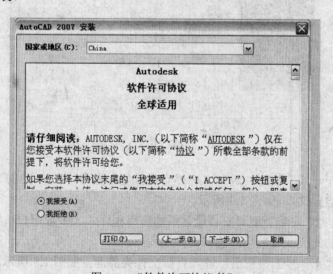

图 1.4　"软件许可协议书"

（5）单击"下一步"按钮，进入序列号界面，如图 1.5 所示，输入相应的序列号后，进入下一步操作。

（6）单击"下一步"按钮，进入"用户信息"对话框，如图 1.6 所示，分别输入相应的信息后，进入下一步的操作。

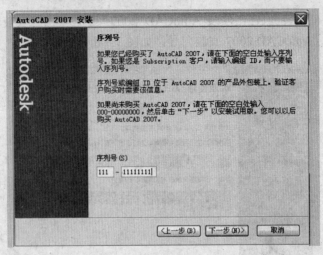

图1.5   "序列号"对话框

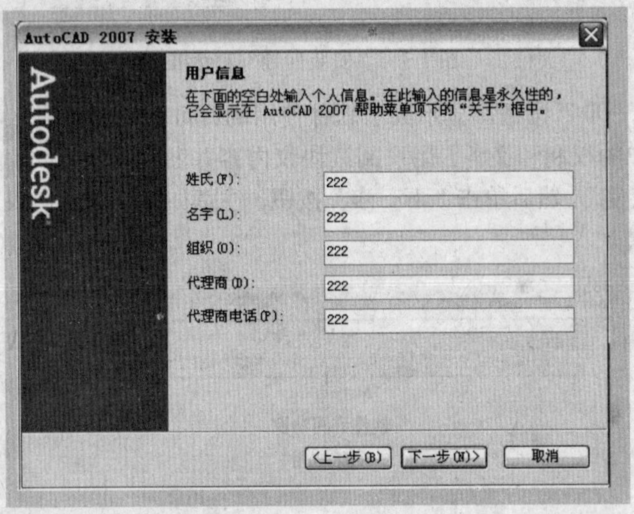

图1.6   "用户信息"对话框

　　（7）单击"下一步"按钮，进入"选择安装类型"界面，在这里用户选择需要安装的类型："典型"或"自定义"，如图1.7所示。

　　1）典型："典型"安装类型将安装最常用的应用程序。大多数用户选择此选项。

　　2）自定义：自定义仅安装用户选择的应用程序。

　　（8）在单击"下一步"按钮后，进入目标文件夹界面，如图1.8所示。在"目标文件夹"对话框中，AutoCAD 2007指定的安装路径默认设置在 C:\ Program Files\ AutoCAD 2007\中，如果希望安装在其他的目录中，单击"浏览"按钮，选择需要的安装路径。

　　（9）单击"下一步"按钮，进入"安装可选工具"选择，选择安装 Express Tools（E）和安装材质库（M），如图1.9所示。

　　1）Express Tools：包含 AutoCAD 支持工具和实用程序。

　　2）材质库：包含300多种专业打造的材质，均可应用于模型。

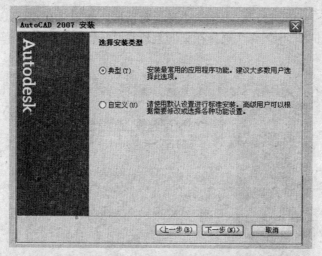

图 1.7　"安装类型"对话框

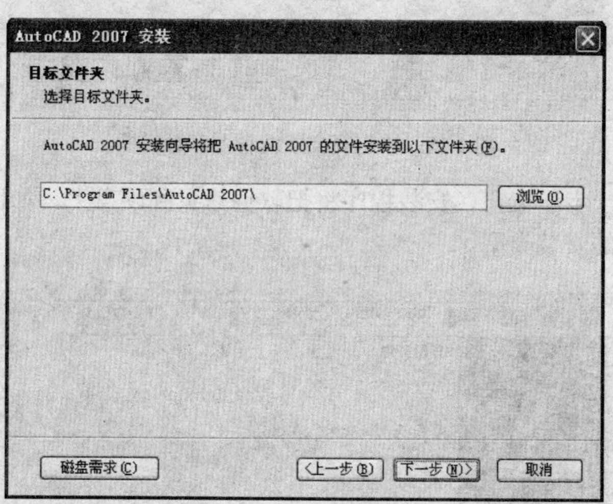

图 1.8　"目标文件夹"对话框

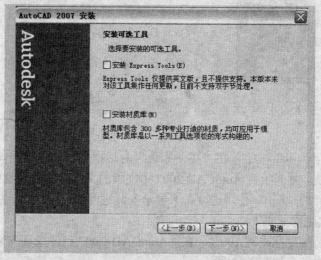

图 1.9　"安装可选工具"对话框

（10）单击"下一步"按钮，出现一个选项对话框，如图 1.10 所示，用户"选择文字编辑器"，默认在"记事本"中，并在选择在桌面上建立"产品快捷方式"。单击"下一步"按钮，继续安装。

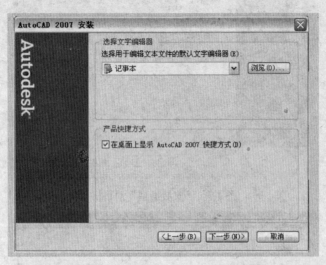

图 1.10　"选择文字编辑器"对话框

（11）单击"下一步"按钮，安装程序将把软件拷贝到硬盘上，如图 1.11 所示，时间的长短取决于用户选择的安装类型。

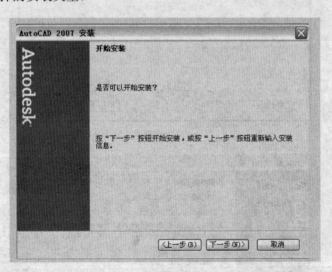

图 1.11　"开始安装"对话框

（12）单击"下一步"按钮，在"更新系统"对话框中，系统根据前面步骤所作的选择开始复制和更新系统，并开始将 AutoCAD 2007 中文版的文件复制到硬盘中，如图 1.12 所示。在安装程序复制文件的过程中，使用进度条来显示安装进度的百分比，若想终止安装，单击"取消"按钮，系统便退出安装程序。

（13）耐心等待进度完成到 100%，在"AutoCAD 2007 已经成功安装"对话框上，单击"完成"按钮结束安装，如图 1.13 所示。

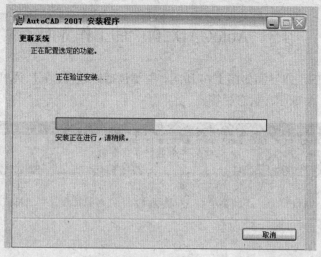

图 1.12　"更新系统"对话框

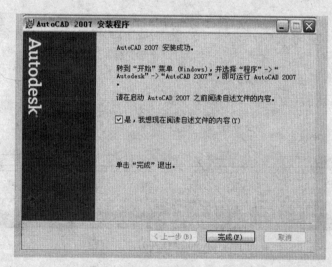

图 1.13　"安装成功"提示信息

　　如果需要查看自述文件，可选择"是，我想现在阅读自述文件的内容"的复选框，自述文件将从此对话框中打开，自述文件包含 AutoCAD 2007 文档发布时尚未具备的信息。如果不需要查看自述文件，则不选择该复选框。

　　也可以在安装 AutoCAD 2007 之后再查看自述文件。

　　如有提示，请重新启动计算机。

　　（14）安装完成后，还应注册该产品后才能使用此程序。要注册产品，请启动 AutoCAD 并按照屏幕上的说明进行操作。

　　1）在软件安装完成后，复制光盘内 crack 的_crk.txt、adlmdll.dll、lacadp.dll 三个文件到安装目录 Program Files\AutoCAD 2007\下覆盖。

　　2）运行 AutoCAD 2007，破解激活完成。

1.3 AutoCAD 2007 的工作界面

AutoCAD 2007 的工作界面如图 1.14 所示，主要包括标题栏、下拉菜单、工具栏、绘图区、十字光标、坐标系、命令行、状态栏等。

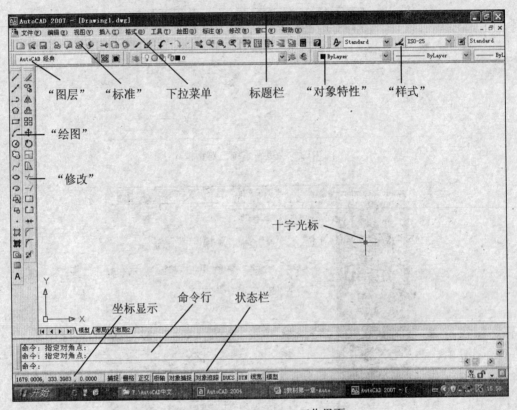

图 1.14 AutoCAD 2007 工作界面

1. 标题栏

标题栏位于 AutoCAD 2007 工作界面的最上方，在方括号中显示当前图形文件名，利用标题栏右边的三个按钮，可以分别实现当前文件的最小化、还原（或最大化）、关闭等命令的操作。

2. 菜单栏

标题栏的下面就是菜单栏，菜单栏命令是 AutoCAD 最系统的命令组织方式，几乎 90%的命令都可以在下拉菜单中找到。AutoCAD 2007 共有 11 个下拉菜单名，用鼠标单击一个菜单名即可得到一条下拉菜单，不同类别的命令分别被组织在不同的下拉条中；同一个下拉菜单条又根据命令的不同属性，用虚的横向线条分割。用户可以通过下拉菜单选择命令来执行相应的操作。

如果下拉菜单上的右边有黑色小三角形，表示该菜单还含有子菜单，用户必须选择子菜单后方可执行，如图 1.15 所示。

如下拉菜单上的右边有符号"..."，表示选择该菜单项后将弹出一个对话框，没有该符号的菜单项，可以直接执行 AutoCAD 2007 命令。

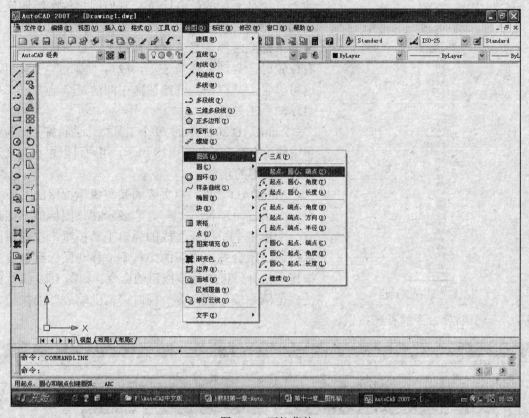

图 1.15　下拉菜单

3. 工具栏

工具栏也称为工具条，由一系列图标按钮组成，每一个图标按钮形象化地表示了一条 AutoCAD 2007 中文版的命令，单击某一个按钮，即可快速地调用相应的命令。如果把鼠标指向某个图标按钮并停顿一下，屏幕上就会显示出该图标所代表的命令名称。如用户想画直线，可将鼠标移动到"绘图"工具栏上的第一个按钮，可以看到工具栏上出现了"直线"的提示，如图 1.16 所示，单击该按钮后，命令行中就输入了画直线的命令，用户就可以开始画直线了。

图 1.16　用"绘图"工具栏输入画直线命令

AutoCAD 2007 中文版提供了 29 个工具栏，用户可以根据需要将它们打开或关闭。用户只需将鼠标移动到屏幕上任意一个图标按钮处，单击鼠标右键，弹出"工具栏"快捷菜单，如图 1.17 所示，然后用左键单击快捷菜单中的某个工具栏名称，即可打开或关闭该工具栏。

图 1.15 中选定的 6 个是常用的工具栏。6 个常用的工具栏是系统的缺省配置，它们固定放在绘图区的上部和左侧，用户可以根据习惯将工具条拖动到绘图区的下部或右侧，当工具栏在最上、最下或最左、最右位置时，自动变成长条形，成为"固定"工具栏，也可以将工具栏拖动到绘图区中间的某个地方，形成"浮动"工具栏。

AutoCAD 2007 中的 29 个工具栏几乎涵盖了下拉菜单中的所有命令，如图 1.18 所示，用户可以根据需要选择打开常用的几个。

AutoCAD 2007 中文版的某些图标按钮的右下方有一个小三角形符号"▶"，它表示在该图标的下面还有一个由多个子图标组成的弹出工具按钮，按住该图标按钮，就会弹出相应的工具条，移动鼠标到需要的按钮上松开，可执行该按钮的命令。如图 1.19 执行的是"范围缩放"的命令，同时"范围缩放"的按钮将成为下一个缩放命令的首选按钮。

图 1.17　选择工具栏

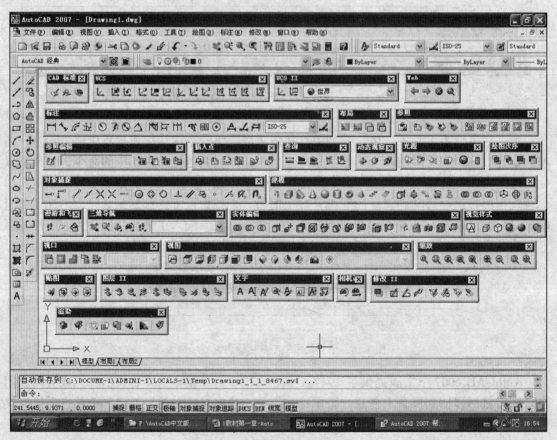

图 1.18　所有工具栏选项

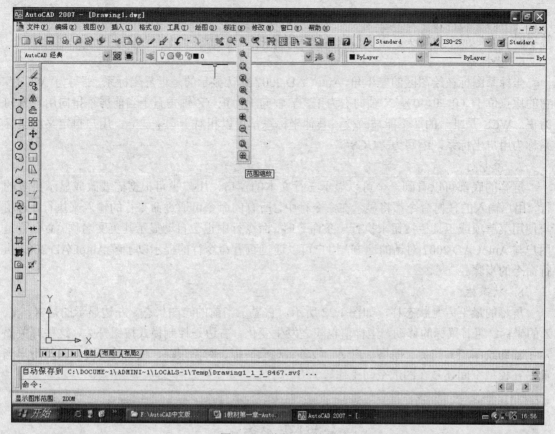

图 1.19　弹出工具按钮

4. 绘图区

　　屏幕中间最大的空白区域是用户绘图的地方，相当于我们绘图的图板，当然我们不能用图板的概念来理解 AutoCAD 中的绘图区域，而是要用空间的概念来理解 AutoCAD 的绘图区域，因为我们虽然说是用 AutoCAD 绘图，其实真实的概念是用 AutoCAD 来建模。AutoCAD 提供给我们的是一个和现实世界一样大小的空间，在 AutoCAD 中绘图，并不存在在图板中绘图那样的计算比例和转换工作。我们可以以实际大小建立一个虚拟的建筑模型，使计算机中的虚拟建筑和我们实际想建造的建筑物的尺寸完全一致，只有在将计算机中的模型打印成图纸时，才将所画的内容缩小到规定的纸张上，这时才涉及比例设置的问题。

5. 十字光标

　　绘图区中有两条交叉直线，在其交叉点处有一个小方框，交叉直线和小方框该组成为十字光标，如图 1.20 所示。

　　交叉直线称为十字线，或称它为"点拾取器"，用它在屏幕上确定点的位置。小方框称为拾取框，可以用于拾取对象，或用来选择屏幕上的物体。十字线和拾取框的大小用户可以自行设置。

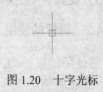

图 1.20　十字光标

　　有时候他们以单独的方式显示，完成不同的功能，在计算机待命状态下，他们同时显示，并以十字光标的方式组合在一起，当鼠标移动时，十字光标随之而动。

在绘图区中，十字光标指示当前工作点的位置，当光标移出绘图区指向工具栏、菜单栏等项时，光标显示为箭头，用于拾取所选的对象。

6. 坐标系

坐标系图标在绘图区的左下角，AutoCAD 2007 默认显示的是世界坐标系，缩写为"WCS"，它的原点位于（0，0，0），X 轴向右为正，Y 轴向上为正，Z 轴垂直于当前屏幕指向用户方向为正。WCS 是唯一的，不能被改变，其他坐标系都可以相对于它来建立，用户自定义的坐标系称为用户坐标系，缩写为"UCS"。

7. 命令行

屏幕的底部可以看到一个可以显示三行文本的窗口，用户也可根据需要改成显示更多的行，用户输入的任何命令都将显示在命令行中，所有的命令可通过命令行的输入来执行，若用户使用菜单项或工具栏按钮来执行一条命令时，命令行中也会自动显示其英文名称。命令行是用户与 AutoCAD 2007 对话的地方，用户可以通过查看命令行的提示以了解 AutoCAD 2007 执行命令的步骤。

8. 状态栏

屏幕的最下方是状态栏，如图 1.22 所示，它显示当前的绘图状态。左边显示的是 X、Y、Z 的坐标，随着鼠标的移动，坐标值也随之发生变化。右边是控制模式按钮开关，这些开关显示了辅助绘图工具捕捉、栅格、正交、极轴、对象捕捉、对象跟踪、线宽等情况，以及用户当前是在模型空间还是在图纸空间工作等。

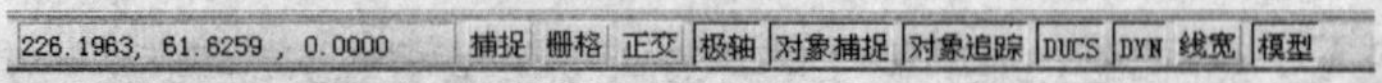

| 226.1963, 61.6259 , 0.0000 | 捕捉 | 栅格 | 正交 | 极轴 | 对象捕捉 | 对象追踪 | DUCS | DYN | 线宽 | 模型 |

图 1.21　状态栏

1.4　AutoCAD 2007 的基本操作

1.4.1　启动

启动 AutoCAD 2007 绘图软件，进入图 1.22 的 AutoCAD 2007 的工作界面，有以下三种启动方式。

（1）用鼠标双击桌面上的"AutoCAD 2007"图标，即出现 AutoCAD 2007 的工作界面。

（2）执行"开始"菜单，选择"程序"，找到 Autodesk，单击 AutoCAD 2007。

（3）找到一个图形文件"*.dwg"，打开该文件。

1.4.2　鼠标的使用

目前使用的鼠标均为带有滚轮的双键鼠标。

1. 左键的使用

左键一般是点击键，利用光标拾取指定点的空间位置，或利用光标选择物体，或选择菜单命令。

2. 右键的使用

右键的操作和上下文有关，根据不同的工作状况，右键操作情况会有所不同。一般用于结束命令，或显示快捷菜单，或显示物体捕捉菜单，或显示工具条对话框。

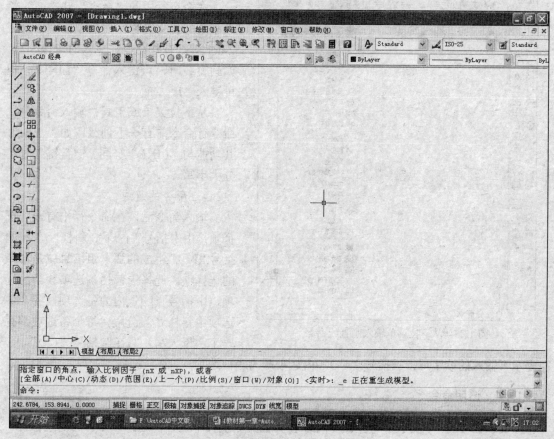

图 1.22　进入 AutoCAD 2007 软件

3. 滚轮的使用

滚轮的作用见表 1.1。

表 1.1　滚 轮 的 作 用

功　　能	动　　作
放大	向外旋转滚轮
缩小	向内旋转滚轮缩小
扩展到最大	双击中键，将画面扩展到最大
平移	按住中键并拖动

1.4.3　一般命令

AutoCAD 2007 中文版中命令的输入方法有以下三种。

1. 从下拉菜单中选取

从下拉菜单中单击要选取的命令名称。如画直线时选择"绘图"→"直线"，图 1.23 所示。

2. 单击命令按钮

用鼠标单击工具栏中代表相应命令的图标按钮。如画直线时单击"∕"按钮。

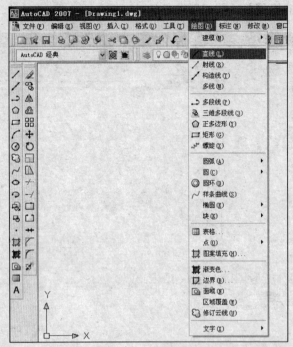

图 1.23　从下拉菜单输入画直线命令

3．从键盘输入

在命令行中的"命令"状态下，输入命令的英文名称，然后单击空格键或 Enter 键。有些命令在输入时可以缩写，如画直线时，可键入命令"LINE"，也可键入"L"。

从下拉菜单或工具栏输入命令时，命令行命令前有一下划线，如"_line"，其功能与"LINE"等同。键盘键入时不分大小写。

4．命令的组成

输入命令后，在命令行中有一些选择项，由中括号"[ ]"、斜杠"/"和圆括号"( )"组成的那一组信息就是命令的选择项。选择项包括备选项和当前选项，中括号"[ ]"内为备选项，各个备选项用斜杠"/"分隔，每个备选项都有一个字母大写，写在圆括号"( )"内。在提示下输入的该字母，圆括号"( )"内选项即为当前选项。

1.4.4　透明命令

AutoCAD 2007 中文版中有些命令可以在其他命令执行中运行，这种命令称为透明命令。透明命令一般用于辅助绘图中，它能显示放大或缩小图形，改变绘图的环境。在某命令的执行过程中，操作透明命令后，可继续执行该命令。

透明命令的操作方法有以下三种：

（1）从工具栏或状态栏直接单击透明命令按钮，然后操作它。

（2）从键盘输入，但要在命令名前加单引号"'"，然后操作它，如'Zoom。

（3）透明命令常用的操作方法是滚动鼠标的滚轮，向上滚动滚轮为放大图形，向下滚动滚轮为缩小图形。

1.4.5　重复命令

在绘图过程中经常会遇到需要重复执行的命令，可在"命令："状态下，作如下操作：

（1）按空格键或 Enter 键，可以快速重复执行上一条命令。

（2）在绘图区单击鼠标右键，选择"重复××"，可执行上一条命令。

（3）在命令提示区单击鼠标右键，在弹出的快捷菜单"近期使用的命令"中，选择最近执行的 6 条命令之一重复执行。

1.4.6　终止命令

当一条命令正常完成后，将自动终止该命令。也可按空格键或 Enter 键结束命令。在任何时候若想终止命令，可按键盘左上角的逃逸键 Esc。

1.4.7　保存命令

第一次保存图形不同于以后的保存，首次保存时必须给出图形文件名字，用户应该将该图形保存在专门的文件夹中。保存有两个命令："QSAVE"和"SAVEAS"。

1. 保存

保存命令"QSAVE"是将所绘的图形以文件的形式存入磁盘且不退出绘图软件，保存方法有以下四种：

- 单击下拉菜单"文件"→"保存"。
- 在标准工具条中，单击 按钮。
- 从键盘输入命令：QSAVE。
- 按 Ctrl＋S 快捷键。

如果图形已命名，输入"保存"命令将直接存入，不再出现"图形另存为"的对话框。

2. 另存为

如果图形已保存过，想把该文件保存为其他图形文件名，或将当前的图形文件另存一处。可用另存为命令"SAVEAS"，重新指定路径和文件名后存盘。

另存的图形文件与原图形文件不在同一路径下时可以同名，在同一路径下时必须另取文件名。执行该命令后，AutoCAD 2007 自动关闭当前图形，屏幕显示的是另存的图形文件。输入方式有两种：

- 单击下拉菜单"文件"→"另存为"。
- 从键盘输入命令：SAVEAS。

保存图形的对话框如图 1.24 所示，在"保存于"下拉列表框中选择文件存放的磁盘目录。在"文件名"下拉列表框中键入图形文件名。在"文件类型"下拉列表框中选择所要保存的文件类型，AutoCAD 文件的后缀名为".dwg"，如 AutoCAD 2007 图形文件（*.dwg）、AutoCAD 2004 图形文件（*.dwg）、AutoCAD 2007 图形样板文件（*.dwt）等。

图 1.24　保存图形对话框

1.4.8 备份文件

如果我们把存盘备份参数打开，AutoCAD 在每次存盘的时候，就会将上一次的工作文件（*.dwg）转换为备份文件（*.bak），即当前的存储覆盖了原来的文件（*.dwg）。

用户可以通过修改备份文件的后缀名"dwg"为"bak"，将备份文件再改为工作文件，就可以打开该备份文件。

1.4.9 退出

退出 AutoCAD 2007 时，不可直接关机，否则会丢失文件，应按下列三种方法之一进行操作：

- 单击下拉菜单"文件"→"关闭"。
- 单击窗口右上角的"×"按钮。
- 从键盘输入命令：QUIT。

当有多个图形文件同时打开时，单击屏幕右上角下面的一个"×"，可关闭当前图形文件，若单击屏幕右上角上面的×时，所有的图形文件将都被关闭。

如果当前图形文件没有存盘，输入"关闭"命令后，AutoCAD 2007 会弹出"退出警告"对话框，提醒用户是否将改动保存到当前文件内，操作后方可安全退出。

第2章 绘图基本设置

要绘制一幅土木工程施工图，若手工绘制，必须先确定绘图比例，根据比例和建筑物的大小确定图幅，然后按照比例进行绘制。如果用 AutoCAD 绘图，则先用 1：1 的比例绘制图形，再选择适当的比例和图幅，将图形按照缩小的比例打印输出到图纸上。为了能按预定的图纸规格来设定绘图比例，或者按要求的绘图比例来选定图纸规格，应该在绘图前首先完成一些基本设置。

2.1 环 境 设 置

用户在开始利用 AutoCAD 进行工作之前，一般要对工作环境进行设置。这就像我们利用图板开始画图之前，需要确定图纸的大小，并且根据图纸的大小来计算一下适合图纸大小的绘图比例一样。

在 AutoCAD 中设置绘图环境，不仅可以简化大量的调整、修改工作，还有利于统一格式，便于图形的管理和使用。

2.1.1　绘图单位

AutoCAD 中的"UNITS"命令可以快速设置用户所需要的长度单位、角度单位、精度和角度方向等，操作如下。

通过以下两种方式输入命令：

● 下拉菜单："格式"→"单位"。
● 键盘输入：UNITS。

输入命令后，弹出"图形单位"对话框，如图 2.1 所示，其中有以下四个区：

（1）"长度"。该区有类型和精度两个下拉列表框，可以设置长度格式和精度。"类型"选小数，"精度"选 0.0000。

（2）"角度"。该区也有类型和精度两个下拉列表框，可以设置角度格式和精度。通常"类型"选十进制度数，"精度"选 0。"□顺时针"复选框是设置角度测量的旋转方向，不选时逆时针为正方向，选中时表明角度测量的旋转正方向为顺时针方向。

（3）"插入比例"。用于缩放插入内容的单位选择在下拉列表框中，列出了 21 个长度单位，默认单位毫米。

（4）"输出样例"。显示在当前单位设置下的直角坐标和极坐标值的示例。

单击"方向"按钮，弹出"方向控制"对话框，如图 2.2 所示，用来设置测量角度的起始方向或 0°方向。默认时向东为 0。

完成"图形单位"对话框的设置后，单击"确定"按钮，此时所作的设置即对当前图形生效。

图 2.1　"图形单位"对话框　　　　　图 2.2　"方向控制"对话框

2.1.2　图形界限

"LIMITS"命令可以设置 AutoCAD 坐标系中平面视图的图形界限范围，这个界限范围是一个矩形区域，由用户指定该矩形左下角点和右上角点的坐标来确定。

通过以下两种方式输入命令：

● 下拉菜单："格式"→"图形界限"。

● 键盘输入：LIMITS。

输入命令后，命令行显示：

命令：LIMITS↙

重新设置模型空间界限：

指定左下角点或［打开（ON）/ 关（OFF）］<0.0000,0.0000>：↙（同意默认值）

指定右上角点<420.0000,2970000>：↙（同意默认值）

此时的图形界限是一张 3 号图纸的大小，用户可以执行 ZOOM 命令观察全图。

命令：ZOOM↙

指定窗口角点，输入比例因子 (nX 或 nXP)，或

［全部（A）/ 中心点（C）/ 动态（D）/ 范围（E）/上一个（P）/ 比例（S）/ 窗口（W）]<实时>：A↙

正在重生成模型。

在命令行的提示中，"［　］"中的备选项用"/"分隔，供用户选择；"< >"中的选项是默认设置。

2.2　图　层　设　置

图层是 AutoCAD 中的主要组织工具，它提供了强有力的功能，用来区分图形中各种各样不同的成分，是分类管理图形对象的一种方法。每个图层就像一张透明纸，通过创建不同的图层，将类型或性质相似的对象指定给同一个图层使其相关联，便于图形要素的分类管理。使用图层可以按功能组织信息以及执行颜色、线型、线宽等其他标准，用户可以在不同的图层上面绘制图形，全部图层叠加在一起，就产生了完整的图形。若将不同性质的图形放到不同的图层中，通过图层的不同组合，便可得到不同的专业图。或者将图形实体放在一层，文字说明放在一层，尺寸标注放在一层，图纸（图幅、标题栏）放在一层，等等，以控制图层上对象的特性。

AutoCAD 只定义一个图层——0 层，其余的图层由用户根据需要自己创建。0 层是个特殊的图层，默认情况下，图层 0 将被指定使用 7 号颜色（白色或黑色，由背景色决定）、CONTINUOUS 线型、默认线宽（默认设置是 0.01 英寸或 0.25 毫米）等，不能删除或重命名图层 0。

2.2.1　创建图层

在一个图形中可以创建的图层数是无限的，图层通常用于设计概念上相关的一组对象，如墙体或尺寸标注。

通过以下三种方式输入命令：

- 下拉菜单："格式"→"图层"。
- 单击图层工具栏按钮"　"。
- 键盘输入：LAYER。

输入命令后，弹出"图层特性管理"对话框，如图 2.3 所示，左边的是树状图，右边的是列表视图。

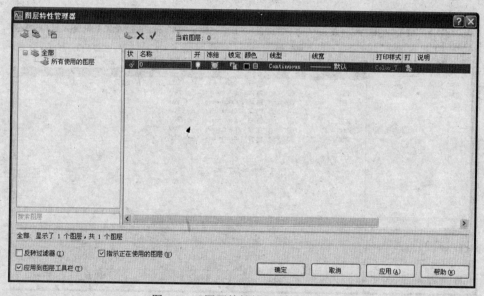

图 2.3　"图层特性管理器"对话框

（1）树状图。将图形中图层和过滤器的层次结构列表显示，顶层"全部"显示了图形中的所有图层。

（2）列表视图。显示了图层和图层过滤器及其特性和说明。图中"　×√"分别是新建图层、删除图层和置为当前三个按钮。单击新建图层按钮"　"出现新的图层——图层 1，用户按内容将它改为另一个名字，如"粗实线"等，如图 2.4 所示。

图层名最长可使用 255 个字符的字母数字命名，多数情况下，用户选择的图层名由企业、行业或客户标准规定。图层特性管理器按名称的字母顺序排列图层，如果用户正在组织自己的图层方案，请仔细地为图层命名。图 2.5 创建了建筑施工图的图层，用户可以根据需要建立更多的图层。

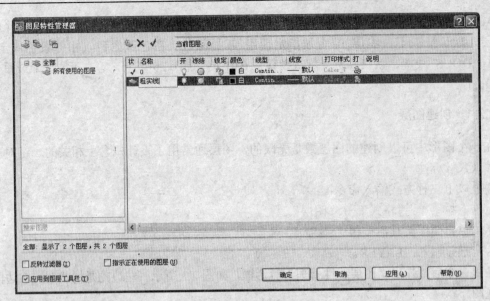

图 2.4　新建"粗实线"图层

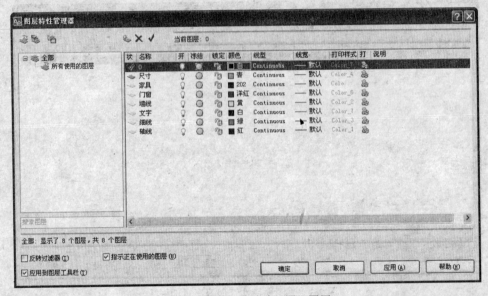

图 2.5　创建"建筑施工图"图层

图 2.6　不能删除的图层

　　　　图层可以删除，如要删除不需要的图层，先选择被删除图层，单击删除图层按钮" ✕ "，该图层即被删除。如果图层不能被删除，系统会出现图 2.6 的提示，告知用户该图层不能删除。

　　　　图层也可以重命名，如果长期使用某一特定的图层方案，可以将指定的图层建立样板图形。

2.2.2　图层特性

从"图层特性管理器"对话框中可以看出，图层主要包括颜色、线型、线宽等属性，这些属性应用于位于此图层上的实体。改变图层属性的方法是，单击需要修改图层的相应属性，就会弹出对话框，按对话框的提示进行设置。

2.2.2.1 颜色

图层的颜色是该图层上实体的颜色，每一个图层都设有自己的颜色，以区别不同的实体对象。

单击图层例表框中图层"文字"的颜色小方块"■白色"，弹出"颜色选择"对话框，如图 2.7 所示。选择所需要的颜色后，单击"确定"按钮，即完成了颜色的设置。

AutoCAD 提供了 255 种颜色让用户选择，下框中列出的颜色通常被选取，也可以从包括真彩色在内的各种颜色以及从输入的配色系统的颜色中进行选择，以提高图形中渲染对象的质量。

通过图层指定颜色可以在图形中轻易识别每个图层。颜色也可作为颜色相关打印的线宽方式。

若在"颜色"中设置了特定颜色，此颜色将作为当前图层的默认颜色而应用于本层的所有对象中。

每一图层的颜色可以一样，也可以不同，但不同线宽的图层不能用同一个颜色。通常图形线宽在打印时由颜色统一设置。

2.2.2.2 线型

线型是由线、点和间隔组成的图样。通过图层为指定对象赋予不同的线型，可以使不同的对象按规定的线型显示。

1. 线型的种类

线型是图样表达的关键要素之一，不同的内容用不同的线型表示。在建筑施工图中，墙线用粗实线表示，门窗线用中粗线表示，尺寸线用细线表示，轴线用点画线表示，等等，不同的线型表达了不同的含义。

AutoCAD 缺省的线型是连续直线，设置为"Continuous"，若要选择其他线型，单击图层例表框中图层"轴线"的线型"Continuous"，弹出"选择线型"对话框，如图 2.8 所示，选择需要的线型。如果用户想要的线型不在其中，说明该线型在当前图形中尚未使用过，需要加载。

图 2.7 "选择颜色"对话框

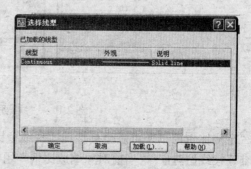

图 2.8 "选择线型"对话框图

2. 加载线型

AutoCAD 标准线型库提供了 45 种线型，单击图 2.8 中的"加载"按钮，弹出"加载或重载线型"对话框，如图 2.9 所示，用户可以从中选择线型，单击"确定"按钮，选中的线型即被加载。图 2.9 选择了"CENTER"线型。

图 2.9　"加载或重载线型"对话框

3. 施工图中常用的线型

实线——Continuous

点画线——Center

虚线——Dashed

双点画线——Phantom

4. 线型的比例

多数情况下，非连续线型是由短画线和点按照一定的间隔组成的重复图案。线型定义时，短画线和间隔的长度是按绘图单位定义的，在很大的图形界限内，可能导致点画线、虚线等之间的间隔太密，使结果看上去就像实线一样，因此需要改变线型的比例，使得在屏幕上能直接看到实际的线型。

通过以下两种方式输入命令：

● 下拉菜单："格式"→"线型"。

● 键盘输入：LINETYPE。

输入命令后，弹出"线型管理器"对话框，如图 2.10 所示。在"线型管理器"对话框中的"详细信息"栏中，可设置线型的"全局比例因子"和"当前对象缩放比例"。

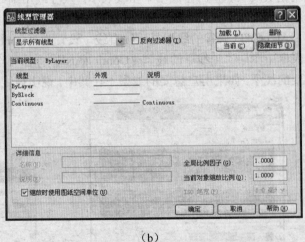

（a）　　　　　　　　　　　　　　　　　　　（b）

图 2.10　"线宽管理器"对话框

"全局比例因子"可以全局性地改变线型比例，它将影响所有以前绘制的和以后将要绘制的非连续线型对象；"当前对象缩放比例"用于改变当前对象的线型比例，它只影响以后将要绘制的非连续线型对象。

AutoCAD 用线型比例因子来调整非连续线型，使线型与图形成比例，从而能正常显示。

默认情况下，AutoCAD 使用全局线型比例因子为 1。线型比例因子越小，它们间隔的尺寸就越小，每个图形单位中画出的重复图案就越多。如图 2.11（a）中的点画线太密，图 2.11（b）中的点画线比较正常，如再增大线型比例因子，点画线就如图 2.11（c）所示。

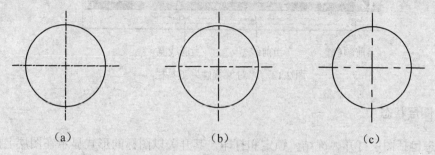

（a） （b） （c）

图 2.11 不同比例因子的轴线

（a）线型比例因子=0.5；（b）线型比例因子=1；（c）线型比例因子=2

"全局比例因子"的值控制"LTSCALE"系统变量，该系统变量可以全局更改新建和现有对象的线型比例。"当前对象比例"的值控制"CELTSCALE"系统变量，该系统变量可设定新建对象的线型比例。

改变"全局比例因子"的值会改变所有对象的线型比例，如果用户只想改变已有的指定对象的线型比例，可通过"特性"选项板进行修改。

2.2.2.3 线宽

线宽是线型的粗细，线宽的单位缺省时为公制毫米。用户可以设置线宽。除了 TrueType 字体、光栅图像、点和实体填充（二维实体）以外的所有对象都可以显示线宽。

通过以下两种方式输入命令：

● 下拉菜单："格式" → "线宽"。

● 键盘输入：LWEIGHT。

输入命令后，弹出"线宽设置"对话框，如图 2.12 所示。

在"线宽设置"对话框中设置线宽单位和默认值。图形中的线宽默认单位是毫米。在"LWDEFAULT"系统变量的控制下，所有图层的初始设置都是 0.25 mm。

线宽的显示在模型空间和图纸空间布局中是不同的。在模型空间中显示的线宽不随缩放比例因子而变化，而在图纸空间布局中，线宽以实际打印宽度显示。

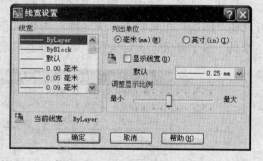

图 2.12 "线宽设置"对话框

可以通过单击状态栏上的"线宽"打开或关闭按钮选择是否在屏幕上显示线宽。

完成了图层的状态和特性设置后，单击"图层特性管理器"中的"确定"按钮，系统回到 AutoCAD 的工作界面，此时在"对象特性"工具栏上将显示当前图层的颜色、线型和线宽，如图 2.13 所示。

如果用户在"对象特性"工具栏中改变图层或某一对象的颜色、线型和线宽，那么它们的颜色、线型和线宽就具有自己特定的属性，不随图层的改变而变化，不会理会所在图层的属性，而独立于图层，这种情况要尽量避免。

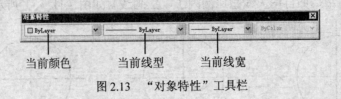

　　　　　　当前颜色　　　　　　当前线型　　　　　　当前线宽
图 2.13　"对象特性"工具栏

2.2.3　图层状态

　　图层状态包括图层打开、冻结、锁定和打印，其开关以图标的形式显示在图层名的右边，若想控制图层开关状态，只需单击该图标。

　　1. 打开

　　当 "🔆" 为黄色时，图层被打开。当图层打开时，图层上的实体是可见的，当图层关闭时，该图层上的所有图线均不在屏幕上显示，不能对其进行图形编辑，也不能被打印，即使 "打印" 选项是打开的。但这些图形是存在的，在重生成图形时，该图层上的图线可以重新生成。

　　2. 冻结

　　当冻结的图标为 "❄" 时，图层被冻结。冻结图层中的对象在屏幕上不显示，系统对它们不运算，图形不会被打印，也不会消隐和渲染。

　　冻结图层可以加快 "ZOOM"、"PAN" 和许多其他操作的运行速度，减少复杂图形的重生成时间。用户可以冻结长时间不要查看的图层，这样可以降低图形视觉上的复杂程度，如要查看被冻结的图层时，只需解冻该图层，其中的图形将自动重生成并显示在该图层上。

　　3. 锁定

　　当锁定图层时，图标显示 "🔒"，用户可以在锁定图层上绘制新的图线，但不能对锁定图层中的对象进行编辑，如删除、移动等，如果只想查看图层信息而不需要编辑图层中的对象，就将图层锁定，锁定图层可以防止图形对象被意外修改。

　　打开、冻结、锁定图层的开关除了单击 "图层特性管理器" 对话框中的图标按钮外，还可以在 "图层" 工具栏上，快速地对图层状态进行设定，如图 2.14 所示，在工具栏上，单击 "家具" 显示开关，黄灯关闭，则关闭了 "家具" 图层。

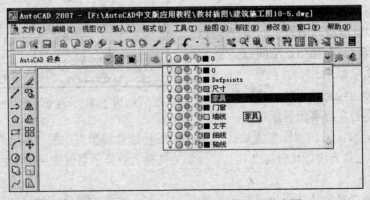

图 2.14　从 "图层" 工具栏上控制图层状态图

在绘图过程中，关闭一些暂时不用的图层，有利于保持屏幕画面的清晰。

2.3 精 度 设 置

为了绘制高精度的图形，首先要准确地在屏幕上指定一些点，定点最快的方法是通过光标的移动，直接在屏幕上拾取点，但要精确定位于给定的坐标值很难。通过输入点的坐标可以精确地定点，但速度较慢。为了既快又准确的定位点，在 AutoCAD 的状态栏中提供了栅格、正交、极轴、对象捕捉等多种提高绘图精度的方法。

2.3.1 栅格

栅格是点的矩阵，延伸到指定图形界限的整个区域，使用栅格类似于在图形下放置一张坐标纸，如图 2.15 所示。一般通过两步来实现栅格捕捉的精确绘图方法，首先是设置栅格的大小尺寸，然后是设置捕捉，让十字光标的行动锁定在规定的网格范围内，从而实现精确绘图。

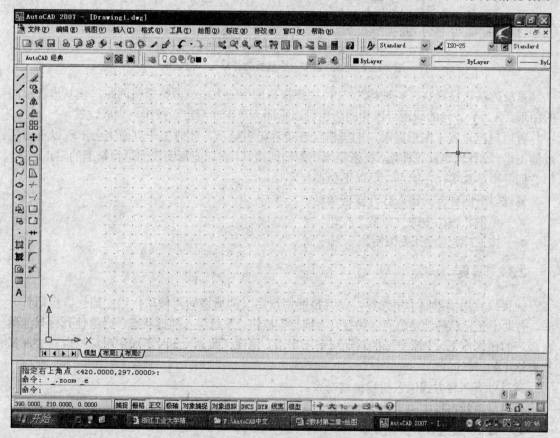

图 2.15　打开栅格的绘图屏幕

利用栅格可以对齐对象并直观显示对象之间的距离。栅格的行、列间距可由用户自定义，有以下两种操作方式：

- 下拉菜单："工具" → "草图设置"。
- 光标移到状态栏"栅格"按钮上，单击鼠标右键，单击"设置"。

弹出"草图设置"对话框，共有 4 个标签，打开"捕捉和栅格"标签，对话框如图 2.16 所示。

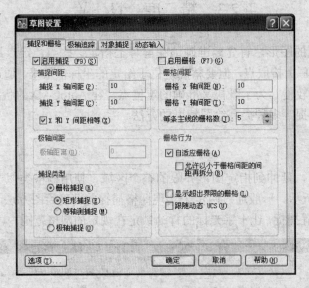

图 2.16 "草图设置"中捕捉和栅格设置对话框

系统的默认设置 X、Y 轴均为 10，用户根据图形的大小，调整栅格间距，使其适合不同的图形。X、Y 方向的间距可以相同，也可以不同。单击"确定"按钮，完成设置。

若用户已设置了图形界限，则栅格仅在该界限内显示，此时工作界面上会出现以小点组成的网格，这些网格就是栅格，栅格是绘图的辅助工具，它们能帮助我们进行精确的定点绘图，但它们并不是真实存在的点，所以不会被打印。

通过以下两种方式输入打开栅格命令：

● 单击状态栏中的"栅格"按钮。
● 按 F7 键进行开关切换。

2.3.2 捕捉

捕捉模式用于限制十字光标，使其按照用户定义的栅格间距移动。当"捕捉"按钮打开时，有助于光标精确地定位点。如打开"捕捉"按钮，系统进入捕捉状态，会迫使光标只能落在最近的栅格点上，十字光标的移动变得不平滑，出现了跳动，此时不能用鼠标拾取一个非捕捉栅格上的点。

通过以下两种方式输入捕捉栅格命令：

● 单击状态栏中的"捕捉"按钮。
● 按 F9 键进行开关切换。

2.3.3 正交

AutoCAD 提供了与绘图人员的丁字尺类似的绘图和编辑工具。创建或移动对象时，使用正交模式可以将光标限制在水平或垂直方向上移动。如在画直线前打开"正交"按钮，可以创建一系列相互垂直的直线。

在绘图和编辑过程中，可以随时打开或关闭正交模式。

打开正交模式，通过以下两种方式输入正交命令：

● 单击状态栏中的"正交"按钮。

● 按 F8 键进行开关切换。

但是当正交打开时，从键盘上输入点的坐标来确定点的位置画直线时，不受正交模式的影响。

2.3.4　极轴

默认情况下，极轴追踪的角度为 90°。用户可以使用极轴追踪沿着 90°、60°、45°、30°、22.5°、18°、15°、10° 和 5° 的极轴角增量进行极轴追踪，也可以指定其他角度。0° 方向取决于在"图形单位"对话框中设置的角度，捕捉的方向（顺时针或逆时针）取决于设置测量单位时指定的单位方向。

在"草图设置"对话框中，打开"极轴追踪"标签，对话框如图 2.17 所示，或通过以下两种方式输入命令：

● 下拉菜单："工具"→"草图设置"。

● 光标移到状态栏"极轴"按钮上，单击鼠标右键，单击"设置"。

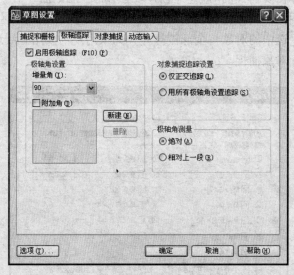

图 2.17　"草图设置"中极轴追踪设置对话框

在该对话框中单击选中"启用极轴追踪"复选框，在"增量角"下拉列表框中选择指定的角度增量值，如果"增量角"下拉列表框中的值不能满足要求，可以先选中"附加角"复选框，然后单击"新建"按钮，输入一个新的角度增量值，单击"确认"按钮，完成设置。

通过以下两种方式输入极轴命令：

● 单击状态栏中的"极轴"按钮。

● 按 F10 键进行开关切换。

用户使用极轴追踪后，可以按指定的角度或者与其他对象特定的关系来确定位置，AutoCAD 会显示出临时辅助线虚线并加亮显示，帮助用户在精确的位置和角度创建对象。光标移动时，如果接近极轴角，屏幕会显示最近的角度。

"正交"模式是将光标限制在水平或垂直（正交）轴上。AutoCAD 不能同时打开极轴追踪和"正交"模式，如果打开了极轴追踪，AutoCAD 将关闭"正交"模式，若打开了"正交"模式，AutoCAD 会关闭极轴追踪。同样，如果打开"极轴捕捉"，栅格捕捉将自动关闭。

2.3.5 对象捕捉

对象捕捉是将指定点限制在现有对象的确定位置上，例如中点或交点，绘图时经常会将这些特殊点作为当前点的坐标，对于这些点，如果用鼠标点取，会有误差，如果用键盘输入，可能不知道点的准确位置，若使用对象捕捉可以迅速拾取到对象的精确位置，而不必知道坐标或绘制构造线。例如，使用对象捕捉可以绘制到圆心或线段的中点。

对象捕捉命令在使用时有两种方式。

1. 固定捕捉

在"草图设置"对话框中，打开"对象捕捉"标签，对话框如图 2.18 所示，或通过以下两种方式输入命令：

● 下拉菜单："工具" → "草图设置"。

● 光标移到状态栏"对象捕捉"按钮上，单击鼠标右键，单击"设置"。

在对象捕捉中选择需要捕捉的对象，然后单击"确定"按钮。

如果需要重复使用同一对象捕捉，可在图 2.18 "对象捕捉模式"区中选择对象，当"对象捕捉"按钮打开时，选中的对象将全部被打开。如果用户需要用直线连接一系列圆的圆心，可以将圆心设置为执行对象捕捉。

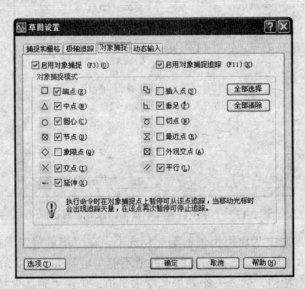

图 2.18   "草图设置"中选择对象捕捉对话框

对象捕捉模式如下：

（1）"端点"。直线、圆弧、椭圆弧、多段线、样条曲线等对象离拾取点最近的端点。

（2）"中点"。对象的中点，一个对象只有一个中点，所以拾取对象的任意位置都可选中对象的中点。

（3）"圆心"。圆、圆弧、椭圆、椭圆弧的中心。

（4）"节点"。捕捉点。

（5）"象限点"。圆、圆弧、椭圆、椭圆弧上的象限点，即以对象圆心为原点，位于 0°、90°、180°、270° 方向上的四个点。

（6）"交点"。直线、多段线、圆、圆弧、椭圆、椭圆弧、样条曲线中任意两个对象的交点。

（7）"延伸"。可以捕捉到两个对象沿着它们所绘的路径延伸相交的虚拟交点。

（8）"插入点"。属性、块、形、外部引用和文本的插入点。

（9）"垂足"。与另一个对象或其虚拟延伸形成正交的对象上的点。

（10）"切点"。在圆、圆弧、椭圆、椭圆弧、样条曲线上捕捉到与上一点相连的点，这两点形成的直线与该对象相切。

（11）"最近点"。选取对象上距光标中心最近的点。

（12）"外观交点"。在 2D 空间中，此命令与交点模式相同，这两个对象在 3D 空间并不真正相交。

（13）"平行"。所画直线段平行于已知直线。

在"草图设置"、"对象捕捉"对话框中，打开"启用对象捕捉追踪"复选框，可以使对象的某些特征点成为追踪的基准点，并得到所需的特征点的特殊形式，如端点、中点、圆心等。

当光标移到对象上或接近对象时，屏幕提示对象捕捉的名称，并磁吸将光标锁定到检测到的最接近的捕捉点，与捕捉栅格类似。此功能提供了视觉提示，指示哪些对象捕捉正在使用。图 2.19 为屏幕捕捉直线的端点、中点和圆的切点。

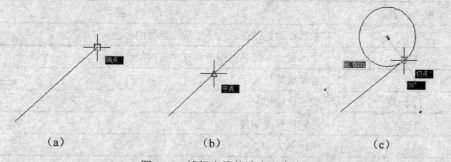

（a）　　　　　　　　　　（b）　　　　　　　　　　（c）

图 2.19　捕捉直线的端点和中点

指定对象捕捉时，光标将变为对象捕捉靶框。选择对象时，如果有两个可能的捕捉点落在选择区域，AutoCAD 将捕捉离靶框中心最近的符合条件的点。如果设置了多个执行对象捕捉，可以按 Tab 键为某个对象遍历所有可用的对象捕捉点。例如，在光标位于圆上时同时按 Tab 键，自动捕捉将显示捕捉象限点、交点和中心的选项。

使用任意对象捕捉设置时，如果将光标移到捕捉点上，"自动捕捉"将显示标记和工具栏提示。在命令行输入对象捕捉或在"草图设置"对话框中打开对象捕捉时，"自动捕捉"将自动打开。

通过以下两种方式输入对象捕捉命令：

● 单击状态栏中的"对象捕捉"按钮。

● 按 F9 键进行开关切换。

2. 临时捕捉

如果执行单一的对象捕捉命令，可以在工具栏中选择，或在命令行输入捕捉对象名称，该捕捉仅对指定的下一点生效。操作方法有两种：

（1）单个对象捕捉命令位于"对象捕捉"工具栏中，如图 2.20 所示。绘图时打开"对象捕捉"工具栏进行选择。

图 2.20　"对象捕捉"工具栏

（2）先按住键盘上的 shift 键，然后用组合鼠标右键的方式，显示边菜单，用户通过选择边菜单中相应的选项来确定需要的捕捉方式。

对象捕捉只针对屏幕上可见的对象，包括锁定图层上的对象，不能捕捉不可见的对象，如关闭或冻结图层上的对象。

2.3.6　功能键和组合键

1. 功能键

在 AutoCAD 中定义了 11 个功能键，见表 2.1，熟练使用这些功能键，能使绘图速度大大提高。

表 2.1　AutoCAD 中的功能键

键　　名	功　　　能
F1	激活帮助对话框，用于了解不熟悉的命令
F2	文本窗口，屏幕的图形和文字窗口的切换
F3	对象捕捉开关
F4	数字化仪控制
F5	等轴测平面切换
F6	坐标开关
F7	栅格开关
F8	正交开关
F9	捕捉开关
F10	极轴开关
F11	对象捕捉追踪开关

2. 组合键

在 AutoCAD 中还定义了组合键，常用的组合键见表 2.2，有些组合键的功能与功能键相同。

表 2.2　AutoCAD 中的组合键

键　名	功　能
CTRL+B	栅格捕捉开关，同 F9 键
CTRL+C	复制
CTRL+D	坐标开关，同 F6 键
CTRL+F	对象捕捉开关，同 F3 键
CTRL+G	栅格开关，同 F7 键
CTRL+L	正交开关，同 F8 键
CTRL+N、M	新建文件
CTRL+O	打开文件
CTRL+P	打印文件
CTRL+Q	退出文件
CTRL+S	图形另存为
CTRL+U	极轴开关，同 F10 键
CTRL+V	粘贴
CTRL+W	对象捕捉追踪开关，同 F11 键
CTRL+X	剪切

2.4　图 形 显 示 控 制

AutoCAD 提供了强大的图形显示功能，通过放大、缩小、平移图形等手段，用户可以方便地观察到图纸的局部或全貌。

2.4.1　缩放

缩放命令改变图形的视觉尺寸，不会改变图形的实际尺寸，它只是改变图形在屏幕上的显示大小。

通过以下四种方式输入命令：

- 下拉菜单"视图"→"缩放"，如图 2.21 所示。

- 单击缩放工具栏按钮：。

- 单击"标准"工具栏上按钮，如图 2.22 所示。

- 键盘键入：ZOOM。

为方便使用，缩放按钮还被设置在"标准"工具栏上，鼠标在按钮上稍作停留，屏幕就会出现文字提示，如图 2.22 所示。

输入命令后，命令行显示：

　　命令: ZOOM↙

指定窗口角点，输入比例因子 (nX 或 nXP)或

[全部（A）/ 中心点（C）/ 动态（D）/ 范围（E）/上一个（P）/ 比例（S）/ 窗口（W）]<实时>:

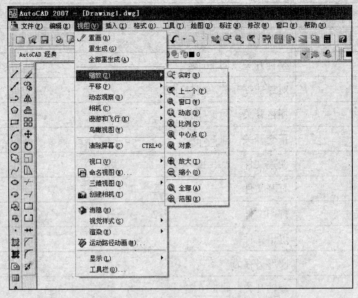

图 2.21　下拉菜单中的缩放命令

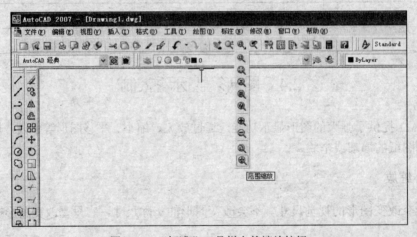

图 2.22　"标准"工具栏上的缩放按钮

各项含义如下。

1. 全部（A）" "

显示全部图形内容，如果当前图形超过了图纸界限范围，也会显示图纸边界以外的内容。

2. 中心点（C）" "

以指定的中心点为缩放中心，按输入的比例系数或视图高度进行缩放，选择该选项后，命令行提示：

　　　　指定中心点：用户在屏幕拾取中心点

　　　　输入比例或高度：<53447.0757>

在该提示下：

（1）输入一个数值 n 作为当前视图的高度值，n 越大图形越小，<>中的数值为当前的视图高度。

（2）输入一个数值加 X，如 nX，则以指定中心为中心放大或缩小当前图形的 n 倍，n 大于 1 放大当前图形，n 小于 1 缩小当前图形。

3. 动态（D）"🔍"

通过鼠标操作来确定新视图的位置和大小。执行动态命令后，屏幕出现两个框，蓝色虚线框标记出当前图形的界限范围，黑色（或白色）有"×"的可移动实线框为即将显示的视图框，当视图框中央出现"×"符号时，视图框处于平移状态，单击鼠标左键后，出现"→"符号，视图框处于缩放状态，单击"↙"键后，系统将用户选定的视图框大小和位置所确定的图形缩放到整个图形区域。

4. 范围（E）"🔍"

在屏幕上显示全部图形，不受图形界限的影响。

5. 上一个（P）"🔍"

回到上一次显示的视图，该选项最多可恢复以前的 10 幅视图。

6. 比例（S）"🔍"

输入该选项后，视图的中心位置不变。命令行提示：

    输入比例因子 (nX 或 nXP):

（1）输入 nX，系统以当前视图大小为基础对图形缩放 n 倍。

（2）输入 nXP，系统会基于图纸空间大小来缩放视图。

7. 窗口（W）"🔍"

窗口缩放是通过指定一个矩形的两个对角点来快速地放大该区域，放大后的图形居中显示。

8. 实时 "🔍"

该选项为 ZOOM 命令的缺省选项，选择"实时"，光标变成了放大镜，按住鼠标左键将光标向上移动，视图放大，按住鼠标左键将光标向下移动，视图缩小。

2.4.2 平移

平移不是移动图形，而是移动视口，它不对图形进行缩放，等比例观看当前图形的不同部分，也就是说，不改变图形的视觉尺寸，而是控制图形的显示位置。

通过以下三种方式输入命令：

● 下拉菜单"视图"→"平移"，如图 2.23 所示。

● 单击标准工具栏按钮"🖐"。

● 键盘输入：PAN。

输入命令后，光标变成一只小手，按住鼠标左键上、下、左、右移动光标，即可将窗口内的图形平移到视口中来。

2.4.3 重画和重生成

重画命令是重画屏幕上的图形，它可以清除绘图过程中的残留垃圾点。重生成命令用于重新生成屏幕上图形的数据。

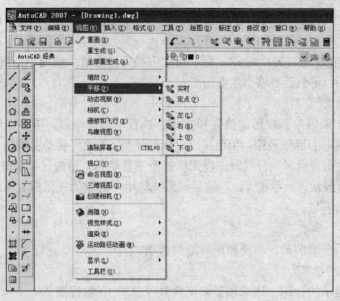

图 2.23   下拉菜单中的平移命令

通过以下两种方式输入命令：

- 下拉菜单"视图"→"重画"。
- 下拉菜单"视图"→"重生成"，如图 2.24 所示。

重画命令可以使屏幕上的图形正确显示，并清洁屏幕，重生成命令除了执行重画命令外，还会对当前图形重新计算。

重生成比重画费时间。例如，用户所画的圆有时在屏幕上显示为图 2.25（a）所示的折线，重生成后，屏幕显示为圆，如图 2.25（b）所示。

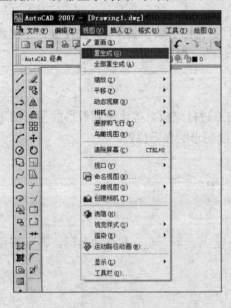

图 2.24   下拉菜单中的重画重生成命令

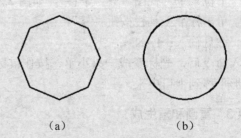

（a）   （b）

图 2.25   重生成前后图形的比较

（a）重生成前；（b）重生成后

2.5 修改选项卡设置

为提高绘图速度，用户可以设定一个最适合自己的系统配置，根据需要修改 AutoCAD 提供的默认选项卡设置。

修改系统设置通过下拉菜单中的"工具"→"选项"对话框来实现。

通过以下两种方式输入命令：

● 下拉菜单"工具"→"选项"。

● 键盘键入：OPTIONS。

输入命令后，弹出"选项"对话框，如图 2.26 所示。

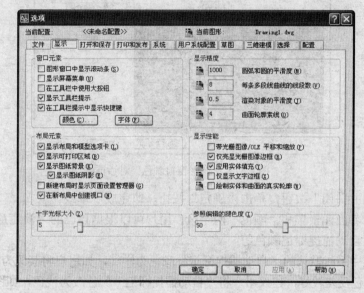

图 2.26 "选项"对话框

在"选项"对话框中有"文件"、"显示"、"打开和保存"、"打印"、"系统"、"用户系统配置"、"草图"、"选择"、"配置" 9 个标签，用户可以根据自己的习惯进行修改，常用的修改有背景颜色、十字光标和右键功能三项。

2.5.1 改变背景颜色

用户通常选用的绘图区背景颜色有黑色和白色两种。

选择黑色，是出于两个方面的考虑：一是为了保护用户的眼睛，不会因为长时间的工作，受屏幕白色光线的刺激；二是为了保护显示器，显示器在关闭时是黑色的，只有在电子束打到显像管表面的荧光层上，才显示出白色，若荧光层受电子束的长期轰击，就会逐渐老化，使得亮度和对比度下降，就像用户在使用电脑时会设置屏幕保护，让屏幕显示以黑色为背景的变化图案以保护屏幕的荧光层、延长显示器的使用寿命一样。

用户若想改变绘图区背景的颜色，可执行如下操作。

单击"显示"标签中的"颜色"按钮，弹出"图形窗口颜色"对话框，如图 2.27 所示，其中有四个区：

（1）"背景"。工作界面的背景环境，选择"二维模型空间"。

（2）"界面元素"。选择"统一背景"。

（3）"颜色"。下拉列表框中列出了应用于选定界面元素的可用颜色，选择"黑色"。

（4）"预览"。如果为界面元素选择了新颜色，新的设置将显示在"预览"区域中。

图 2.27　"图形窗口颜色"对话框

单击"应用并关闭"按钮，单击"确定"按钮，即完成了修改。

重复操作"界面元素"和"颜色"两个区，用户可以根据自己的习惯随意改变背景颜色、十字光标颜色、自动捕捉标记颜色等。

在黑色背景中系统默认的"自动捕捉标记"颜色为洋红，如用户将其改为黄色，背景与自动捕捉标记的颜色反差较好，建议用户将"自动捕捉标记"颜色改为浅色，如图 2.28 所示。

图 2.28　"草图"标签

2.5.2 改变十字光标大小

AutoCAD 的光标大小默认设置为 5mm。在绘制施工图中，用户若想将它改为通长的十字光标，可从"选项"对话框中单击"显示"标签，在该对话框的左下角有"十字光标大小"一栏，用户可拖动滚动条，移到最右边，左边方框中显示即为"100"，如图 2.29 所示，单击"确定"按钮，便完成了修改。

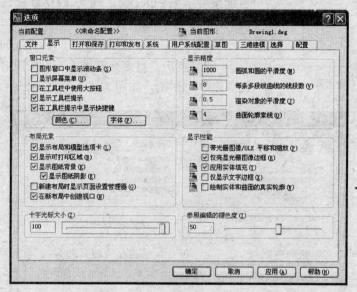

图 2.29 改变十字光标的大小

修改前后的光标如图 2.30 所示。

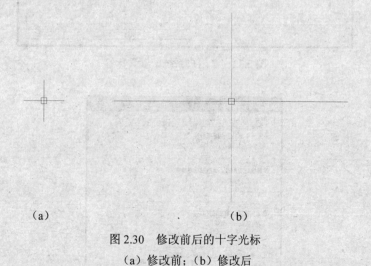

(a)   (b)

图 2.30 修改前后的十字光标

(a) 修改前；(b) 修改后

2.5.3 自定义右键功能

在 AutoCAD 的运行过程中，单击右键，就会弹出一个菜单，单击右键时光标的位置不同，

图 2.31　右键菜单

如在绘图区、命令行、对话框、工具栏、状态栏、模型标签和布局标签处，弹出的内容就不同。若未选中对象且没有命令在运行时，在绘图区中单击右键，弹出的菜单如图 2.31 所示。

在绘图区中单击右键是显示快捷菜单还是取得与按 Enter 键相同的效果，如果用户习惯于在运行命令时用单击右键来表示按 Enter 键，则 AutoCAD 提供了用户自定义右键的功能。操作如下：

（1）单击"用户系统配置"标签，如图 2.32 所示。

（2）单击"自定义右键单击"按钮，弹出"自定义右键单击"对话框，如图 2.33 所示，有三区供用户选择。

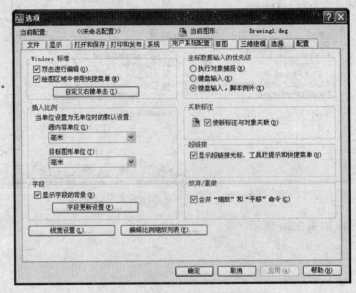

图 2.32　"用户系统配置"标签

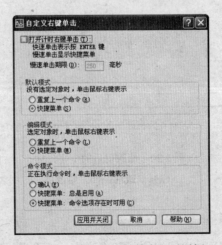

图 2.33　"自定义右键单击"对话框

1. "默认模式"

(1) "重复上一个命令"。当选中了一个或多个对象并且没有命令在运行时，在绘图区中单击右键和按 $\boxed{\text{Enter}}$ 键的效果相同，即重复上一次使用的命令。

(2) "快捷菜单"。启用"默认"快捷菜单。

2. "编辑模式"

(1) "重复上一个命令"。选中了一个或多个对象并且没有命令在运行时，在绘图区中单击右键和按 $\boxed{\text{Enter}}$ 键的结果相同，即重复上一次使用的命令。

(2) "快捷菜单"。启用"编辑"快捷菜单。

3. "命令模式"

(1) "确认"。当命令正在运行时，在绘图区中单击右键和按 $\boxed{\text{Enter}}$ 键的结果相同。

(2) "快捷菜单：总是启用"。则启用"命令"快捷菜单。

(3) "快捷菜单：命令选项存在时可用"。当前在命令行中可用时才可用"命令"快捷菜单。命令行中的选项括在方括号内。如果没有可用的选项，则单击右键和按 $\boxed{\text{Enter}}$ 键结果相同。

在三个选项中各选择了一个项目后，单击"应用并关闭"按钮，便完成了自定义。

第 3 章 基 本 绘 图 命 令

AutoCAD 常用的基本绘图命令有画线条、画多边形、画弧线、画点等，它们的命令在"绘图"下拉菜单中，图 3.1 所示，常用的绘图命令工具栏在屏幕的左边，如图 3.2 所示。本章将介绍"绘图"工具栏上的常用绘图命令。

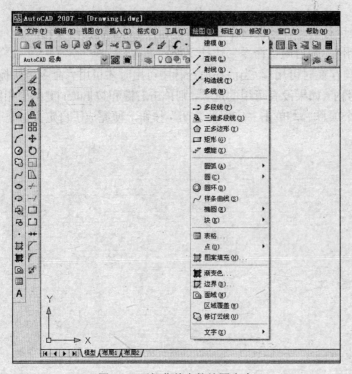 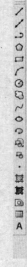

图 3.1　下拉菜单中的绘图命令　　　　　　　图 3.2　"绘图"工具栏

3.1　绘　制　线　条

直线、多线、多段线命令都可以画直线。

3.1.1　直线

1. 功能

直线命令就是输入两点画一直线段，可以画一条，也可以不断地输入点来画出多条首尾相连的直线段，用直线命令画出的线条，每条线段都是独立的对象，不构成一个整体。

2. 输入命令

通过以下三种方式输入命令：

● 　下拉菜单："绘图" → "直线"。

● 单击绘图工具栏按钮"╱"。

● 键盘键入：LINE。

3. 命令行操作及说明

命令:LINE↙指定第一点: 从屏幕拾取点或键入点的坐标

指定下一点或 [放弃(U)]: 从屏幕拾取点或键入第二个点的坐标

指定下一点或 [放弃(U)]: 从屏幕拾取点或键入第三个点的坐标

指定下一点或 [闭合(C)/放弃(U)]: ↙

各选项含义如下：

（1）指定下一点：输入第二个点。

（2）放弃(U)。放弃最近指定的一个点。从指定第二个点的提示行开始，增加了该选项，用户选择该选项一次，就会放弃最近指定的一个点，该选项可以重复多次，直到放弃第一个点为止。

（3）闭合(C)。与第一个点连接，画成一个封闭的线框。从指定第四个点的提示行开始，又增加了"闭合(C)"选项，选择该选项后，所画的线条形成了一个封闭的线框，并自动退出"LINE"命令。

在输入点的命令时，可直接从屏幕上拾取点，单击鼠标左键确定，此时点的坐标是随意的，当要求精确输入点的坐标，或第二个点要求与第一个点有相对位置关系时，输入方法有三种：

（1）绝对直角坐标。绝对直角坐标值是指某一点的坐标（X，Y）相对于原点（0，0）的值。操作时在命令行中直接输入点的绝对坐标，如点的坐标为 X=10，Y=20，该点的输入方法是：10，20↙。

（2）相对直角坐标。相对直角坐标是以指定点作为参照物，该指定点是指最近一次输入的点。相对直角坐标表示输入的点相对前一点在 X、Y 方向上的距离。如距前一点在 X、Y 方向上的距离为 30，40 时，该点的输入方法是：@30，40↙。

（3）极坐标。绝对极坐标是指该点到原点的距离和角度。如距离原点为 10 个单位，角度为 25°的点，输入方法是：10<25↙。相对极坐标是该点距前一点的距离和角度。如距前一点为 8 个单位，角度为 30°的点，输入方法是：@8<30↙。

直线的输入有时用鼠标作导向，给定第二点的方向，直接输入两点距离的长度值，单击 Enter 键。这种方法在画水平线、竖直线和指定角度的斜线时非常方便，画斜线时先定斜线方向，斜线的角度输入是在角度前加"<"，如输入 45°时，键入：<45↙，此时鼠标只能在逆时针的 45°方向上画直线。

当命令提示区的提示为"起点："或者"下一点："时，它要求用户提供这个点在图中的坐标，用户可以使用以上任一种方法来精确定位该点。

直线命令可以画无数条单一的直线段，数量由用户决定，结束命令时，单击 Enter 键或空格键。

4. 举例

用相对坐标输入命令绘制图如图 3.3 所示直线，操作如下：

命令:LINE↙　指定第一点: 拾取点 A（A 为任意点）

指定下一点或 [放弃(U)]: @20,0↙（用相对坐标输入 B 点坐标）

指定下一点或 [放弃(U)]: @10,10↙（用相对坐标输入 C 点坐标）

指定下一点或 [闭合(C)/放弃(U)]: @-20,10↙（用相对坐标输入 C 点坐标，负值表示 X 轴的反方向）

指定下一点或 [闭合(C)/放弃(U)]: c✓ （首尾闭合，回到 A 点，并结束命令）

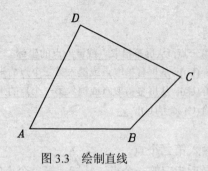

图 3.3　绘制直线

3.1.2　多线

　　要绘制多条平行线段，AutoCAD 提供了一个特殊的功能强大的绘制多条平行线的命令，该命令允许用户一次创建和绘制 1～16 条平行线，所绘制的这些平行线是一个实体，其中的每一条线称为"元素"，每个元素有各自的偏移量、颜色、线型等特性。多线常用来绘制建筑施工图中的墙线、窗线、道路行车分界线等。

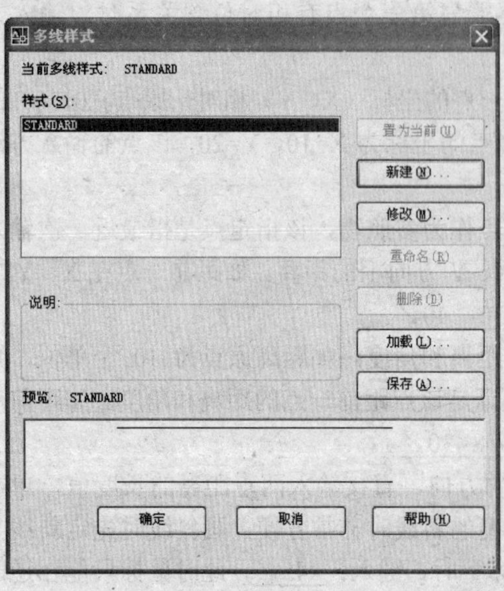

　　通过"MLSTYLE"命令设置用户所需要的多线样式，用"MLINE"命令绘制多线。

　　1.　设置多线样式

　　"多线样式"命令用于创建和定义用户需要的多线样式。根据需要可创建一个或多个样式，保存在当前图形文件中，也可以将其保存在多线样式库文件中，以便在其他图形中加载并使用这些多线样式。

　　通过以下两种方式输入命令：

　　● 下拉菜单："格式"→"多线样式"。

　　● 键盘键入：MLSTYLE。

　　输入命令后，弹出"多线样式"对话框，如图 3.4 所示。

　　（1）"当前多线样式"。显示当前多线样式的名称，该样式将在后续创建的多线中使用。

图 3.4　"多线样式"对话框

　　（2）"样式"。列表显示已加载到图形中的多线样式。

　　（3）"说明"。显示选定多线样式的说明。

　　（4）"预览"。显示选定多线样式的名称和图像。

　　单击"新建"按钮，弹出"创建新的多线样式"对话框，如图 3.5 所示，用户可以创建自己的多线样式。

　　（1）"新样式名"。命名新的多线样式。

　　（2）"基础样式"。选择与要创建的多线样式相似的多线样式。

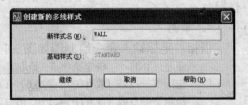

图 3.5　"创建新的多线样式"对话框

下面以创建筑墙线为例，说明多线样式的创建步骤。

在图 3.5 "创建新的多线样式"对话框中，输入新创建的多线样式的名称或代号，如 "WALL"，单击"继续"按钮，弹出"新建多线样式：WALL"对话框，如图 3.6 所示。

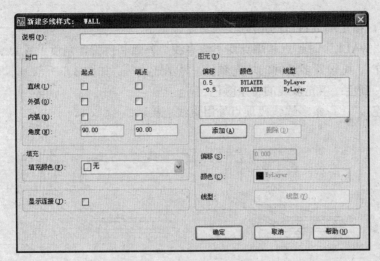

图 3.6 "多线特性"对话框

在对话框中的"说明"文本框内，用户可以输入对新创建多线样式的描述，最多可以输入 255 个字符（包括空格），也可不填写。除此之外，对话框中还有三个区："封口"、"图元"和"填充"。

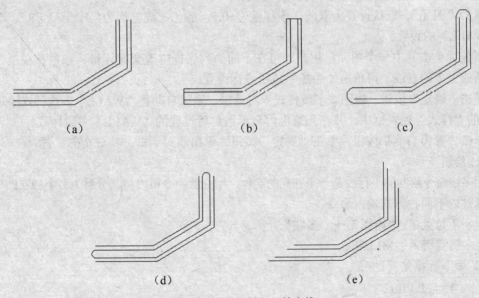

图 3.7 不同"封口"的多线

（a）直线不封口；（b）直线封口；（c）外弧封口；（d）内弧封口；（e）封口角度=30°

（1）"封口"。封口区有四个内容，"直线"、"外弧"、"内弧"和"角度"。如图 3.7 所示为不同封口的图例。

1）"直线"：多线的端点以直线连接。

2）"外弧"：多线最外端的元素之间以圆弧连接。

3）"内弧"：多线成对的内部元素之间的圆弧连接。如有 4 个元素，内弧连接元素 2 和 3。如果有奇数个元素，则不连接中心线，如有 7 个元素，内弧连接元素 2 和 6、元素 3 和 5；元素 4 不连接。

4）"角度"：指定端点封口的角度。

创建墙线"WALL"时起点和端点均不画直线、外弧和内弧，角度设置为 90°。

（2）"填充"。可设置多线间的填充颜色，显示连接等。如图 3.8 所示为不同填充的图例。

1）"填充"颜色：填充多线的背景颜色。

2）"显示连接"：每条多线线段顶点处用直线连接。

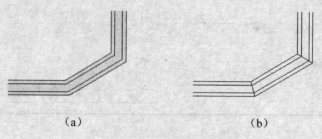

（a）   （b）

图 3.8 不同"填充"的多线

（a）填充；（b）显示连接

"WALL"双线样式不填充、不显示连接。

（3）"图元"。默认设置为双线，偏移量为 ±0.5，颜色、线型均为"BYLAYER"。这是墙线"WALL"的设置。

用鼠标单击其中一个图元，用户即可在下面的列表框中改变偏移量、颜色和线型。若要画三条或更多的直线，可单击"添加"按钮进行设置。

单击"确定"按钮，返回"多线样式"对话框。系统自动将"WALL"多线样式添加到图 3.4 中的"样式"列表框中，并在预览框内显示用户所设置的"WALL"多线样式。

单击"置为当前"按钮，单击"确定"按钮，退出该对话框，完成全部设置。

2. 绘制多线

用多线命令绘制的平行线是一个独立的实体，用分解命令可以将其分解为多个独立的单体。

通过以下两种方式输入命令：

● 下拉菜单："绘图"→"多线"。

● 键盘键入：MLINE。

3. 命令行操作及说明

命令: MLINE↙

当前设置: 对正 = 上，比例 = 20.00，样式 = WALL

指定起点或 [对正(J)/比例(S)/样式(ST)]: J↙

输入对正类型 [上(T)/无(Z)/下(B)] <上>: Z↙

当前设置: 对正 = 无，比例 = 20.00，样式 = WALL

指定起点或 [对正(J)/比例(S)/样式(ST)]: S↙

输入多线比例 <20.00>: 240↙

当前设置: 对正 = 无，比例 = 240.00，样式 = WALL

指定起点或 [对正(J)/比例(S)/样式(ST)]: 拾取点 1↙

指定下一点: 1500↙ （输入第二点与第一点的距离，两点长度等于1500mm）

各选项含义如下:

（1）对正(J)。确定如何在指定的点之间绘制多线。在对正(J)选项中，上（T）表示拾取点在多线的最上面的那条线；无（Z）表示拾取点在多线距离的中间；下（B）表示拾取点在多线的最下面的那条线。

（2）比例(S)。控制多线的全局宽度，该比例不影响线型比例。

（3）样式(ST)。指定多线的样式。

图 3.9 所示为选择不同对正选项时的双线。

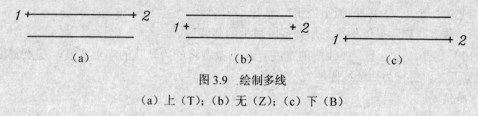

图 3.9　绘制多线

(a) 上（T）; (b) 无（Z）; (c) 下（B）

3.1.3　多段线

1. 功能

多段线是由多段直线或圆弧组合而成的独立实体，可以画出等宽或不等宽的线，对于画好的线也可以修改其宽度。

2. 输入命令

通过以下三种方式输入命令:

● 下拉菜单:"绘图"→"多段线"。

● 单击绘图工具栏按钮"⟿"。

● 键盘键入: PLINE。

3. 命令行操作及说明

命令: PLINE↙

指定起点: 拾取点或键入点的坐标

当前线宽为 0.0000

指定下一个点或 [圆弧(A)/半宽(H)/长度(L)/放弃(U)/宽度(W)]:

各选项含义如下:

（1）下一个点。绘制一条直线段的第二个点。

（2）圆弧（A）。将弧线段添加到多段线中，该选项可以绘制一系列相互连接的圆弧。

（3）半宽（H）。多段线一半的宽度。

（4）长度（L）。输入直线长度，方向与前一圆弧相切。

（5）放弃（U）。放弃最后一次输入的命令。

（6）宽度（W）。指定下一多段线的线段宽度值，是半宽的 2 倍。

若键入 A 时，进入画圆弧状态，命令行提示:

指定下一个点或 [圆弧(A)/半宽(H)/长度(L)/放弃(U)/宽度(W)]: A↙

指定圆弧的端点或

[角度(A)/圆心(CE)/方向(D)/半宽(H)/ /半径(R)/第二个点(S)/放弃(U)/宽度(W)]:

各选项含义如下：

（1）圆弧的端点。绘制圆弧线段，圆弧线段与多段线的上一段相切。

（2）角度（A）。圆弧所对应的圆心角。

（3）圆心（CE）。圆弧的圆心。

（4）方向（D）。指定圆弧起点的切线方向。

（5）半宽（H）。多段线一半的宽度。

（6）直线（L）。退出"圆弧"选项，回到画直线状态。

（7）半径（R）。圆弧的半径。

（8）第二个点（S）。圆弧上的第二个点。

（9）放弃。删除最近一次添加到多段线上的弧线段。

（10）宽度。指定下一弧线段的宽度。起点宽度将成为默认的端点宽度，端点宽度在再次修改宽度之前将作为后续线段的统一宽度。

4. 举例

（1）绘制图 3.10（a）所示的箭头。

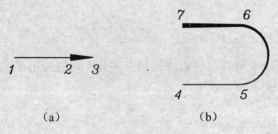

(a)　　　　　　　　　　　(b)

图 3.10　绘制多段线

命令：PLINE↙

指定起点：拾取点 1

当前线宽为 0.0000

指定下一个点或 [圆弧(A)/半宽(H)/长度(L)/放弃(U)/宽度(W)]：20↙（鼠标指定 2 点方向，绘制直线 12，长度为 20mm）

指定下一点或 [圆弧(A)/闭合(C)/半宽(H)/长度(L)/放弃(U)/宽度(W)]：w↙（设置线段宽度）

指定起点宽度 <0.0000>：2↙（指定起点宽度为 2）

指定端点宽度 <2.0000>：0↙（指定端点宽度为 0）

指定下一点或 [圆弧(A)/闭合(C)/半宽(H)/长度(L)/放弃(U)/宽度(W)]：8↙（鼠标指定 3 点方向，绘制直线 23，长度为 8mm）

指定下一点或 [圆弧(A)/闭合(C)/半宽(H)/长度(L)/放弃(U)/宽度(W)]：↙（结束命令）

（2）绘制图 3.10（b）所示的多段线。

命令：PLINE↙

指定起点：拾取点 4

当前线宽为 0.0000

指定下一个点或 [圆弧(A)/半宽(H)/长度(L)/放弃(U)/宽度(W)]：20↙（鼠标指定 5 点方向，绘制直线 45，长度为 20mm）

指定下一点或 [圆弧(A)/闭合(C)/半宽(H)/长度(L)/放弃(U)/宽度(W)]: a↙（转到绘制圆弧状态）

指定圆弧的端点或[角度(A)/圆心(CE)/闭合(CL)/方向(D)/半宽(H)/直线(L)/半径(R)/第二个点(S)/放弃(U)/宽度(W)]: w↙（设置线段宽度）

指定起点宽度 <0.0000>: ↙（默认起点宽度为 0）

指定端点宽度 <0.0000>: 0.5↙（指定端点宽度为 0.5）

指定圆弧的端点或

[角度(A)/圆心(CE)/闭合(CL)/方向(D)/半宽(H)/直线(L)/半径(R)/第二个点(S)/放弃(U)/宽度(W)]: 20↙
（鼠标指定 6 点方向，绘制圆弧 56，5、6 两点间距为 20mm）

指定圆弧的端点或

[角度(A)/圆心(CE)/闭合(CL)/方向(D)/半宽(H)/直线(L)/半径(R)/第二个点(S)/放弃(U)/宽度(W)]: l↙
（转到绘制直线状态）

指定下一点或 [圆弧(A)/闭合(C)/半宽(H)/长度(L)/放弃(U)/宽度(W)]: w↙（设置线段宽度）

指定起点宽度 <0.5000>: ↙（默认起点宽度为前一次的设置 0.5）

指定端点宽度 <0.5000>: 1↙（指定端点宽度为 1）

指定下一点或 [圆弧(A)/闭合(C)/半宽(H)/长度(L)/放弃(U)/宽度(W)]: 20↙（鼠标指定 7 点方向，绘制直线 67，长度为 20mm）

指定下一点或 [圆弧(A)/闭合(C)/半宽(H)/长度(L)/放弃(U)/宽度(W)]: ↙（结束命令）

3.2 绘 制 多 边 形

正多边形命令可以画 1024 条边以内的正多边形，矩形命令可以画带倒角或圆角的矩形。

3.2.1 正多边形

1. 功能

正多边形命令用于画正多边形，其边数为 3～1024，正多边形可以内接于圆，或者外切于圆，该圆为虚拟的圆，在绘图过程中并不存在。

2. 输入命令

通过以下三种方式输入命令：

- 下拉菜单："绘图" → "正多边形"。
- 单击绘图工具栏按钮 "⬠"。
- 键盘键入：POLYGON。

3. 命令行操作及说明

画图 3.11（a）所示的正六边形，绘图过程如下：

命令: POLYGON↙ 输入边的数目 <4>: 6↙（所画图形为正六边形）

指定正多边形的中心点或 [边(E)]: 拾取点 1（输入正多边形的中心点）

输入选项 [内接于圆(I)/外切于圆(C)] <I>: ↙（正多边形画在圆内）

指定圆的半径: 10↙（正六边形的端点到中心的距离=10mm）

各选项含义如下：

（1）内接于圆（I）。指定的半径是多边形的中点到多边形顶点的距离。

（2）外切于圆（C）。指定的半径是多边形的中点到多边形一条边长中点的距离。

（3）边（E）。用于已知多边形一条边长的长度画多边形。

画图 3.11（b）、（c）所示的正五边形，已知正五边形的边长=10mm，绘图过程如下：

　　　命令: _polygon POLYGON↙输入边的数目 <4>: 5↙

　　　指定正多边形的中心点或 [边(E)]: e ↙

　　　指定边的第一个端点: 拾取正五边形的第一个端点 2

　　　指定边的第二个端点: 10↙（鼠标指向 3 点，输入正五边形的边长值，此时 23=10mm）

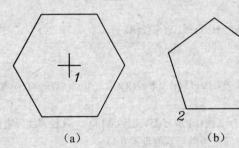
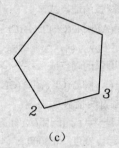

　　　　　　　（a）　　　　　　　　　　（b）　　　　　　　　（c）

图 3.11　绘制正多边形

（a）正六边形；（b）正五边形；（c）正五边形

图 3.11（b）、（c）画出了两个边长相同、角度不同的五边形，从图中可以看出，3 点的方向不同，多边形的角度就不同。

3.2.2　矩形

1. 功能

矩形命令可以绘制带有倒角、圆角和指定线宽矩形，还可以绘制 3D 设置中带有标高和厚度的矩形。

2. 输入命令

通过以下三种方式输入命令：

- 下拉菜单："绘图" → "矩形"。
- 单击绘图工具栏按钮"口"。
- 键盘键入：RECTANG。

3. 命令行操作及说明

边长为 30×20 的矩形，选择不同的选项，可以绘制出如图 3.12 所示的不同矩形，以图 3.12（b）为例，操作步骤如下：

　　　命令: RECTANG↙

　　　指定第一个角点或 [倒角(C)/标高(E)/圆角(F)/厚度(T)/宽度(W)]: c↙

　　　指定矩形的第一个倒角距离 <0.0000>: 2↙

　　　指定矩形的第二个倒角距离 <3.0000>: 3↙

　　　指定第一个角点或 [倒角(C)/标高(E)/圆角(F)/厚度(T)/宽度(W)]: 拾取矩形的第一个角点

　　　指定另一个角点或 [尺寸(D)]: @30,20↙（输入另一个角点的相对坐标）

各选项含义如下：

（1）倒角（C）。倒角距离的大小、正负对创建矩形有影响。系统设置矩形的右下角点为 1 号角点，逆时针顺序编号，在 1 号角点的 X 方向为第一倒角距离，Y 方向为第二倒角距离，在 2 号角点的 X 方向使用第二倒角距离，Y 方向使用第一倒角距离，依此类推，交替进行。

正值为矩形向内倒角，负值为矩形向外倒角。

（2）标高（E）。矩形的高度。

（3）圆角（F）。绘制带圆角的矩形。

（4）厚度（T）。矩形的厚度。

（5）宽度（W）。矩形的线宽。

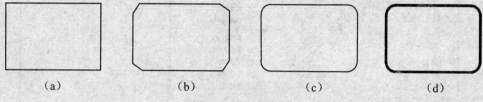

（a） （b） （c） （d）

图 3.12 绘制矩形

（a）中的倒角、圆角、宽度均为 0；（b）中的第一个倒角距离为 2，第一个倒角距离为 3，宽度为 0；
（c）中的圆角半径为 3，宽度为 0；（d）中的圆角半径为 3，宽度为 0.5

在操作过程中，所设选项将作为当前设置，在下次绘制矩形时作为默认设置。

用矩形命令绘制的矩形是一个独立的实体，用分解命令将其分解后，矩形变成了四条单独的直线，线宽自动变为 0。

3.3 绘 制 弧 线

圆、圆弧、样条曲线命令都可以画出弧线。

3.3.1 圆

1. 功能

圆命令用于按指定的方式画圆，AutoCAD 提供了 6 种画图方式，如图 3.13 所示。

2. 输入命令

通过以下三种方式输入命令：

● 下拉菜单："绘图" → "圆"。

● 单击绘图工具栏按钮 "⊘"。

● 键盘键入：CIRCLE。

3. 命令行操作及说明

命令：CIRCLE✓ 指定圆的圆心或 [三点(3P)/两点(2P)/相切、相切、半径(T)]:

各选项含义如下：

（1）指定圆的圆心。由屏幕指定圆的圆心，或输入圆心的坐标以确定圆心的位置。

（2）三点（3P）。所画的圆包含三个已知点。

（3）两点（2P）。所画的圆包含二个已知点，这两点的连线也是圆的直径。

（4）相切、相切、半径（T）。所画的圆与两个对象相切，半径值由用户输入。

4. 举例

（1）指定圆的圆心，已知圆的半径画圆。

命令: CIRCLE↙ 指定圆的圆心或 [三点(3P)/两点(2P)/相切、相切、半径(T)]: 拾取圆心
指定圆的半径或 [直径(D)]: 5↙（圆的半径为 5mm）

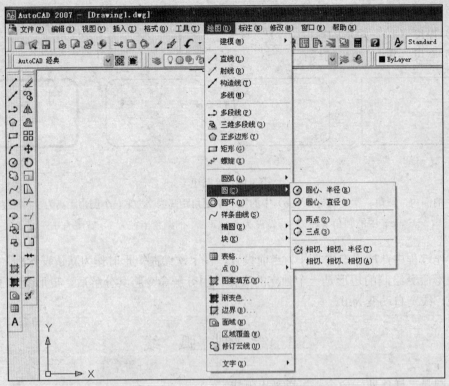

图 3.13　下拉菜单中的画圆命令

图 3.14 左上方的圆为所画的圆。

屏幕指定圆的圆心后，命令行提示"指定圆的半径或[直径（D）]"，默认选项值为圆的半径，若已知圆的直径画圆，则输入"D↙",根据命令行的提示，再输入圆的直径。

（2）已知圆周上的三个点画圆。

　　　　命令: CIRCLE↙指定圆的圆心或 [三点(3P)/两点(2P)/相切、相切、半径(T)]: 3P↙（选择已知 3 点画圆）

　　　　指定圆上的第一个点: 拾取点 1
　　　　指定圆上的第二个点: 拾取点 2
　　　　指定圆上的第三个点: 拾取点 3

图 3.14 右上方的圆为所画的圆。

（3）已知圆的半径画圆，所画的圆与已存在的两个图形实体相切。

　　　　命令:CIRCLE↙指定圆的圆心或 [三点(3P)/两点(2P)/相切、相切、半径(T)]:T↙（选择相切、相切、半径画圆）

　　　　指定对象与圆的第一个切点: 拾取与之相切的第一个实体（左上角的圆）
　　　　指定对象与圆的第二个切点: 拾取与之相切的第二个实体（右上角的圆）
　　　　指定圆的半径 <5.7548>:10↙（圆的半径为 10mm）

所画的圆在图 3.14 下方。

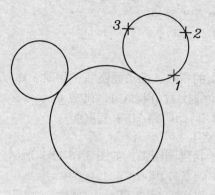

图 3.14　绘制圆

若要求所画的圆与三个已知的图形相切，就选择"相切、相切、相切"命令画圆，该命令从下拉菜单选取，用户根据命令行的提示操作即可画出。

3.3.2　圆弧

1. 功能

圆弧是圆周上的一段弧长，除了在圆周上打断得到圆弧外，还可以按指定的方式画圆弧，AutoCAD 提供了 11 种画圆弧的方式，如图 3.15 所示。

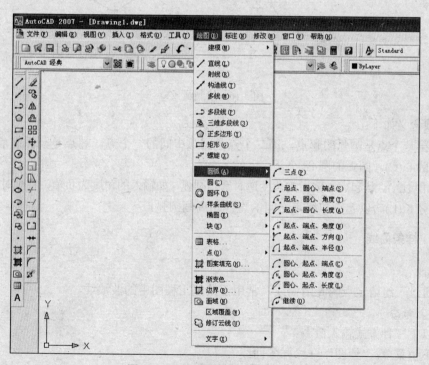

图 3.15　下拉菜单中的画圆弧命令

2. 输入命令

通过以下三种方式输入命令：

● 下拉菜单："绘图" → "圆弧"。

- 击绘图工具栏按钮"⌒"。
- 键盘键入：ARC。

3．命令行操作及说明

指定圆弧的起点、圆弧上的一点、端点画圆弧，如图 3.16（a）所示。

命令：ARC↙ 指定圆弧的起点或 [圆心(C)]：拾取点 1
指定圆弧的第二个点或 [圆心(C)/端点(E)]：拾取点 2
指定圆弧的端点：拾取点 3

指定圆弧的起点、圆心、角度画圆弧，如图 3.16（b）所示。

命令：ARC↙ 指定圆弧的起点或 [圆心(C)]：拾取点 4
指定圆弧的第二个点或 [圆心(C)/端点(E)]：c↙（选择输入圆心方式）
指定圆弧的圆心：拾取点 5
指定圆弧的端点或 [角度(A)/弦长(L)]：a↙（选择输入角度方式）
指定包含角：120↙（输入 120°角）

角度的输入以起点逆时针旋转方向为正，顺时针旋转方向为负。

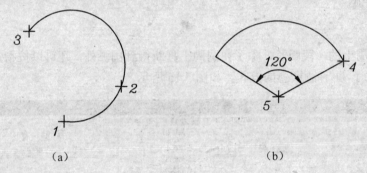

图 3.16　绘制圆弧

各选项含义如下：

（1）第一个点是圆弧的起点，第二个点是圆弧中间的一个点，端点是圆弧终点。

（2）圆心(C)。圆弧的圆心。

（3）角度(A)。从起点 4 按指定角度逆时针画圆弧，如输入的角度为负值，将顺时针画圆弧。

（4）弦长(L)。以起点和终点之间的直线距离画圆弧。

3.3.3　样条曲线

1．功能

绘制通过一组给定点的光滑曲线，常用于绘制工程图中的波浪线。

2．输入命令

通过以下三种方式输入命令：

- 下拉菜单："绘图"→"样条曲线"。
- 击绘图工具栏按钮"～"。
- 键盘键入：SPLINE。

3．命令行操作及说明

命令：SPLINE↙

指定第一个点或 [对象(O)]: 拾取点 1

指定下一点: 拾取点 2

指定下一点或 [闭合(C)/拟合公差(F)] <起点切向>: 拾取点 3

指定下一点或 [闭合(C)/拟合公差(F)] <起点切向>: 拾取点 4

指定下一点或 [闭合(C)/拟合公差(F)] <起点切向>: 拾取点 5

指定下一点或 [闭合(C)/拟合公差(F)] <起点切向>: 拾取点 6

指定下一点或 [闭合(C)/拟合公差(F)] <起点切向>: ↙

指定起点切向: 指定起点的切线方向

指定端点切向: 指定端点的切线方向

各选项含义如下:

（1）对象（O）。将二维或三维的二次或三次样条拟合多段线转换成等价的样条曲线。

（2）闭合（C）。首尾相连，形成封闭的曲线，并使它们在连接处相切。

（3）拟合公差（F）。修改拟合当前样条曲线的公差。拟合公差决定了所画曲线与指定点的接近程度，如果公差设置为 0，则样条曲线通过拟合点，公差越大，样条曲线离指定点越远。

（4）起点切向。指定起点处的切线方向。

（5）端点切向。指定终点处的切线方向。

所画的样条曲线如图 3.17 所示。

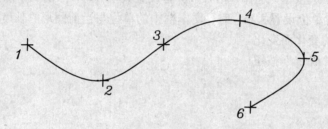

图 3.17　绘制样条曲线

3.4　点

点可以用不同的样式绘制，点的大小和显示可以通过"点样式"来设置。

3.4.1　点样式

1. 功能

点的样式是设置点的类型和大小。

2. 输入命令

通过以下两种方式输入命令：

● 下拉菜单："格式" → "点样式"。

● 键盘键入：DDPTYPE。

下拉菜单输入命令如图 3.18 所示，输入命令后，弹出图 3.19 "点样式"对话框，该对话框列出了 20 个点的类型图案，用户可以任意选择一个点的类型，图 3.19 选择了第三个类型。

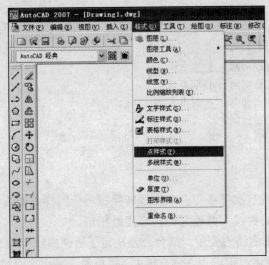
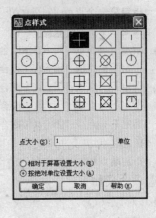

图 3.18　下拉菜单中的"点样式"命令　　　　　　　图 3.19　"点样式"对话框

　　在该对话框里可以设置点的大小，用户直接在"点的大小"文本框中输入一个正实数。对话框的下面有两个单选按钮，选择"相对于屏幕设置大小"时，点的大小随屏幕窗口的变化而变化。选择"按绝对单位设置大小"时，文本框中的单位与当前图形的长度单位相同，即点的大小不随屏幕窗口的变化而变化。

　　完成设置，单击"确定"按钮。

3.4.2　画点

通过以下方式输入命令：

● 　下拉菜单："绘图"→"点"。

AutoCAD 提供了四种画点的方式，如图 3.20 所示。各选项说明如下：

（1）单点。只能绘制一个点。

（2）多点。可绘制无数个点。

（3）定数等分。将线段或已知元素等分所需要的数量。

（4）定距等分。将线段或已知元素等分已确定的长度。

1. 画一个单点

通过以下两种方式输入命令：

● 　下拉菜单："绘图"→"点"→"单点"。

● 　键盘键入：POINT。

输入该命令后，只能画出一个点。

2. 画多个点

通过以下两种方式输入命令：

● 　下拉菜单："绘图"→"点"→"多点"。

● 　单击绘图工具栏按钮"·"。

输入该命令后，可以画无数个点。

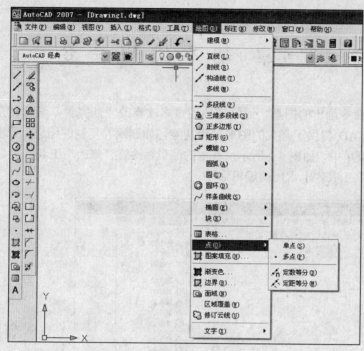

图 3.20　下拉菜单中的画点命令

3. 画定数等分点

将图 3.21 所示的直线分为 5 等份，命令行操作如下：

　　命令: <u>DIVIDE</u>✓

　　选择要定数等分的对象: <u>拾取直线</u>

　　输入线段数目或 [块(B)]: <u>5</u>✓（所画的点将直线 5 等分）

　　　　图 3.21　画定数等分点　　　　　　　　图 3.22　画定距等分点

画定数等分点的选择对象除了直线外，还可以是多段线、矩形、圆、圆弧等。

4. 画定距等分点

在图 3.22 所示直线上画出长度为 6mm 的等分点，命令行操作如下：

　　命令: <u>MEASURE</u>✓

　　选择要定距等分的对象: <u>拾取直线</u>

　　指定线段长度或 [块(B)]: <u>6</u>✓（所画点的间距=6mm）

画定距等分点时，从距离对象拾取点最近的一端开始，按输入的线段长度在该对象上等间距画点，但最后一段一般不满足要求。

第4章 基本编辑命令

对于用绘图命令画出的图形，通常需要经过多次修改才能完善，编辑就是对所画的图形进行修改。AutoCAD 提供了强大的图形编辑功能，如删除、复制、缩放、修剪等。编辑命令在"修改"下拉菜单中，如图 4.1 所示，基本的编辑命令在"修改"工具栏上，如图 4.2 所示。本章介绍"修改"工具栏上常用的编辑命令。

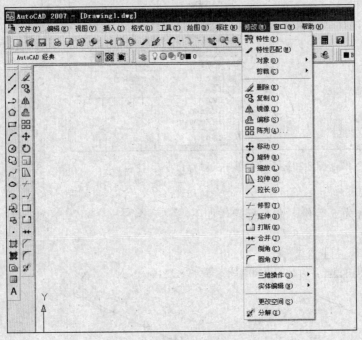

图 4.1 下拉菜单中的修改命令

图 4.2 "修改"工具栏

4.1 选 择 对 象

通常输入命令后，命令行都会出现"选择对象"的提示，十字光标变成了拾取框（一个小方框），如图 4.3 所示，要求用户选择对象，即构造选择集。用户若想改变拾取框的大小，可在"选项"对话框中，单击"选择"标签，在该对话框中改变拾取框的大小。

对象若被选中，就会变成虚像。选择对象的方式有多种，常用的有如下几种。

4.1.1 直接点取

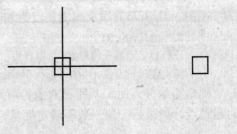

图 4.3 十字光标与拾取框

直接点取方式一次只能选中一个对象。是系统的默认方式。

当命令行显示"选择对象"后，十字光标变成了如图 4.3 所示的拾取框，用鼠标将拾取框移到要选取的对象上，单击左键，该对象即被选中。

如果要选择多个对象，必须逐个单击，多次选取。

4.1.2　窗口选取

窗口选取可以一次选取多个对象。

将鼠标在屏幕的空白处拾取一点，然后到屏幕的另一个空白处再拾取一个点，这两个对角点形成了一个矩形，但鼠标向右或向左移动时，屏幕会显示出不同线型的矩形。

（1）矩形的对角点从左向右选取，屏幕上的矩形是实线框，只有全部在实线框内的对象才会被选中，图 4.4（a）中的圆和左边的直线被选中，右边的直线没有被选中。

（2）矩形的对角点从右向左选取，屏幕上的矩形是虚线框，那么，虚线框内的实体和部分在虚线框内的对象均被选中，图 4.4（b）中的圆和两条直线被选中。

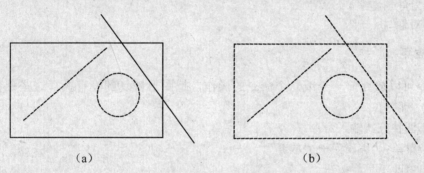

（a）　　　　　　　　　　　　（b）

图 4.4　窗口选取

4.1.3　上一次选取

AutoCAD 能记录最后一次选定的操作对象选择集，如用户要选择上一次的选择集，在"选择对象"提示下，输入"P"，即上一次的选择集被选中。

4.1.4　全部选取

若要选择除关闭、冻结、锁定图层上的所有对象，输入 All，就可以快速地选择屏幕上的全部对象，这在图形分散或大小不一时常被选用。

4.1.5　剔除选取

在窗口选择时，有时会选择了不需要的对象，这时如果要将已经选择的对象从选择集中剔除出去，先按下 shift 键，然后同时按下鼠标左键，此时选中的虚像立即变成了实像，说明该对象已经从选择集中被剔除。

4.2　删除、放弃、重做

执行绘图命令后，如果绘图错误，可以立即进行删除、放弃和重做等。

4.2.1 删除

1. 功能

清除不需要的对象。

2. 输入命令

通过以下三种方式输入命令：

- 下拉菜单："修改"→"删除"。
- 单击修改工具栏按钮"✍"。
- 键盘键入：ERASE。

3. 命令行操作及说明

命令: ERASE↙

选择对象: 选择要删除的对象

指定对角点:找到 4 个

选择对象: ↙

4.2.2 放弃

放弃命令可以放弃前一个或几个命令的操作，把图形恢复到没有执行这些命令之前的状态。

通过以下四种方式输入命令：

- 下拉菜单："编辑"→"放弃"。
- 单击修改工具栏按钮"ↄ"。
- 快捷键：Ctrl + Z。
- 键盘键入：U。

"U"命令是"UDNO"命令的简化形式，该命令是从键盘输入"U"，按 Enter 键完成操作，且每次只能恢复一次。用户可以多次输入"U"命令，每输入一次，就向前放弃一个命令的操作，依次直到返回用户指定的图形。

放弃命令对大多数命令起作用，但对某些命令不起作用，如文件操作命令、打印输出命令等。

4.2.3 重做

重做命令与放弃命令正好相反。

重做命令用于恢复前一个"放弃"或"U"命令所放弃执行的操作。但必须紧随"放弃"或"U"命令执行，只重做一次上一个命令所放弃的操作。

通过以下四种方式输入命令：

- 下拉菜单："编辑"→"重做"。
- 单击标准工具栏按钮"↱"。
- 从键盘键入：REDO。
- 快捷键：Ctrl + Y。

4.3　移 动、旋 转

移动和旋转命令都是改变实体的当前位置，不改变其形状。

4.3.1　移动

1. 功能

在指定方向上按指定距离移动对象，将对象从当前位置平行移动到新的位置。

2. 输入命令

通过以下三种方式输入命令：

- 下拉菜单："修改" → "删除"。
- 单击修改工具栏按钮"✛"。
- 键盘键入：MOVE。

3. 命令行操作及说明

　　命令: MOVE↙

　　选择对象: 选择要移动的对象（选择标高图形）指定对角点: 找到 3 个

　　选择对象: ↙

　　指定基点或[位移(D)]<位移>: 拾取点 1（指定基点）

　　指定位移的第二点或 <使用第一个点作为位移>: 拾取点 2（标高移动到 2 点的位置）

如图 4.5 所示，在执行移动命令时：

（1）选择要移动的对象。

（2）指定移动的基点：单击的第一点为基点。

（3）第二点为移动对象的新位置，即位移点。

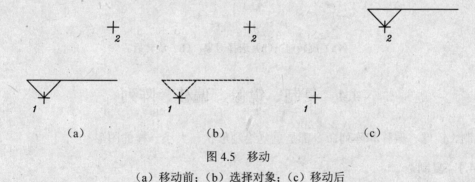

图 4.5　移动

（a）移动前；（b）选择对象；（c）移动后

4.3.2　旋转

1. 功能

将对象旋转一个指定的角度。

2. 输入命令

通过以下三种方式输入命令：

- 下拉菜单："修改" → "旋转"。

- 单击修改工具栏按钮 "⟳"。
- 键盘键入：ROTATE。

3. 命令行操作及说明

　　命令：<u>ROTATE</u>↙

　　UCS 当前的正角方向： ANGDIR＝逆时针　ANGBASE＝0

　　选择对象：<u>选择要旋转的对象</u> 指定对角点：找到 7 个

　　选择对象：<u> </u>↙

　　指定基点：<u>拾取点 1</u>

　　指定旋转角度或 [复制(C)/参照(R)]：<u>-120</u>（顺时针旋转 120°）

各选项含义如下：

（1）旋转角度。决定对象绕基点旋转的角度，并且旋转轴通过指定的基点，平行于当前 UCS 的 Z 轴。角度方向由"图形单位"对话框中"方向控制"的设置为准，一般逆时针为正。

（2）复制(C)。创建要旋转的选定对象的副本。

（3）参照(R)。将对象从指定的角度旋转到新的绝对角度。

执行操作如图 4.6 所示。

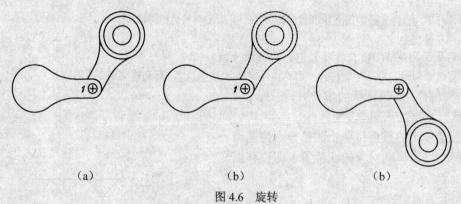

（a）　　　　　　　　　　（b）　　　　　　　　　　（b）

图 4.6　旋转

（a）旋转前；（b）选择对象；（b）旋转后

4.4　复制、镜像、偏移、阵列

复制、镜像、偏移和阵列命令都是重复绘制形状、大小一样的图形。

4.4.1　复制

1. 功能

将对象复制到指定位置，该命令可以复制一份，也可以复制多份。

2. 输入命令

通过以下三种方式输入命令：

- 下拉菜单："修改"→"复制"。
- 单击修改工具栏按钮 "⟳"。
- 键盘键入：COPY。

3. 命令行操作及说明

　　命令: COPY↙

　　选择对象: 选择要复制的对象 指定对角点: 找到 21 个

　　选择对象: ↙

　　指定基点或[位移(D)]<位移>: 拾取点 1

　　指定位移的第二点或 <用第一点作位移>: 拾取点 2（复制第一个图形）

　　指定第二个点或 [退出(E)/放弃(U)] <退出>: 拾取点 3（复制第二个图形）

　　指定第二个点或 [退出(E)/放弃(U)] <退出>: ↙

如图 4.7 所示，在执行复制命令时：

（1）选择要复制的对象。

（2）指定基点。

（3）指定位移的第二个点，即为两个对象之间的相对距离。

（4）若想重复复制，可在"指定第二个点或 [退出(E)/放弃(U)] <退出>:"的提示下，继续在屏幕上拾取点，或输入相对于源对象的距离值，便可完成多个图形的复制。

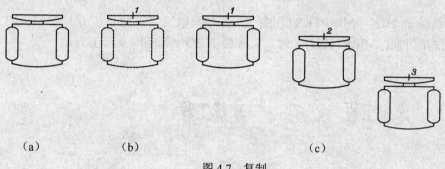

　　（a）　　　　　　（b）　　　　　　　　　　　　（c）

图 4.7　复制

（a）复制前；（b）选择对象；（c）复制后

4.4.2　镜像

1. 功能

将对象按指定的镜像线作镜像，生成的新对象与原对象对称。

2. 输入命令

通过以下三种方式输入命令：

● 　下拉菜单："修改" → "镜像"。

● 　单击修改工具栏按钮"⚠"。

● 　键盘键入：MIRROR。

3. 命令行操作及说明

　　命令: MIRROR↙

　　选择对象: 选择要镜像的对象 指定对角点: 找到 10 个

　　选择对象: ↙

　　指定镜像线的第一点: 拾取点 1

　　指定镜像线的第二点: 拾取点 2

　　是否删除源对象? [是(Y)/否(N)] <N>: ↙（不删除源对象）

如图 4.8 所示，在执行镜像命令时：

（1）选择要镜像的对象。

（2）选择镜像线上的两个点，作为镜像平面。

（3）是否删除源对象[是(Y)／否(N)]<N>：默认是保留源对象，若要删除源对象，输入"Y"。

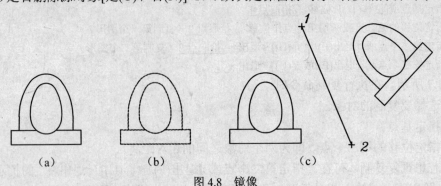

图 4.8　镜像

（a）镜像前；（b）选择对象；（c）镜像后

在执行镜像命令时，"MIRRTEXT"命令可控制反映文字的显示方式。当 MIRRTEXT=0 时，保持文字的方向，MIRRTEXT=1 时，镜像显示文字，如图 4.9 所示。

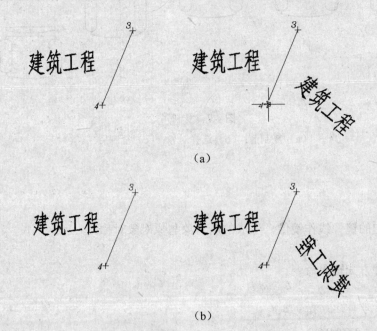

图 4.9　系统变量不同时的文字镜像效果

（a）MIRRTEXT=0；（b）MIRRTEXT=1

命令：MIRROR↙

选择对象：选择文字"建筑工程"

选择对象：↙

指定镜像线的第一点：拾取点 3

指定镜像线的第二点：拾取点 4

是否删除源对象？[是(Y)/否(N)] <N>: ↙（不删除源对象）

命令: MIRRTEXT↙

输入 MIRRTEXT 的新值 <0>:1↙（修改系统变量，使文字镜像显示）

命令: MIRROR↙

选择对象: 选择文字"建筑工程"

选择对象: ↙

指定镜像线的第一点: 拾取点 3

指定镜像线的第二点: 拾取点 4

是否删除源对象？[是(Y)/否(N)] <N>: ↙（不删除源对象）

4.4.3 偏移

1. 功能

将对象按指定的偏移量生成新的对象，创建同心圆、平行线和平行曲线。

2. 输入命令

通过以下三种方式输入命令：

● 下拉菜单："修改" → "偏移"。

● 单击修改工具栏按钮" "。

● 键盘键入：OFFSET。

3. 命令行操作及说明

命令: OFFSET↙

当前设置: 删除源=否   图层=源   OFFSETGAPTYPE=0

指定偏移距离或[通过(T)/删除(E)/图层(L)] <10.0000>:

各选项含义如下：

（1）偏移距离。在距现有对象指定的距离处创建对象。

（2）通过(T)。创建通过指定点的对象。

（3）删除(E)。偏移源对象后将其删除。

（4）图层(L)。确定将偏移对象创建在当前图层上还是源对象所在的图层上。

4. 举例

（1）画平行直线。

命令: OFFSET↙

当前设置: 删除源=否   图层=源   OFFSETGAPTYPE=0

指定偏移距离或[通过(T)/删除(E)/图层(L)] <10.0000>: 3↙（偏移量=3mm）

选择要偏移的对象，或[退出(E)/放弃(U)] <退出>: 拾取点 1

指定要偏移的那一侧上的点，或 [退出(E)/多个(M)/放弃(U)] <退出>: 拾取点 2（向上偏移，两条直线之间的距离为 3mm）

指定要偏移的那一侧上的点，或 [退出(E)/多个(M)/放弃(U)] <退出>: ↙

如图 4.10（a）所示为偏移复制一条直线，在执行偏移命令时：

1）指定偏移距离：输入偏移量。

2）选择要偏移的对象。

3）指定点以确定偏移所在一侧。

（2）画多个间距相等的同心圆。

命令: OFFSET↙

当前设置: 删除源=否　图层=源　OFFSETGAPTYPE=0

指定偏移距离或[通过(T)/删除(E)/图层(L)] <3.0000>: 1∠（偏移量为 1mm）

选择要偏移的对象，或[退出(E)/放弃(U)] <退出>: 拾取点 3

指定要偏移的那一侧上的点，或 [退出(E)/多个(M)/放弃(U)] <退出>: M∠（要画多个圆）

指定要偏移的那一侧上的点，或 [退出(E)/放弃(U)]<下一个对象>: 拾取点 4（向外偏移，两个圆之间的距离为 1mm）

指定要偏移的那一侧上的点，或 [退出(E)/放弃(U)] <下一个对象>: 拾取点 4（向外偏移，与第二个圆之间的距离为 1mm）

指定要偏移的那一侧上的点，或 [退出(E)/放弃(U)] <下一个对象>: 拾取点 4（向外偏移，与第三个圆之间的距离为 1mm）

指定要偏移的那一侧上的点，或 [退出(E)/放弃(U)] <下一个对象>: ∠

选择要偏移的对象，或 [退出(E)/放弃(U)] <退出>: ∠

如图 4.10（b）所示为偏移复制一个圆，在执行偏移命令时，最里面的圆为源对象，每个圆之间的距离均为 1mm。

(a)　　　　　　　　　　　　　　　(b)

图 4.10　偏移

（a）选择对象；（b）偏移后

4.4.4　阵列

4.4.4.1　功能

阵列是等间距或等角度地复制对象，是一组有规律的图形。可以单独操作阵列中的每个对象，如果选择多个对象，这些对象将被视为一个整体进行阵列。

4.4.4.2　输入命令

通过以下三种方式输入命令：

● 下拉菜单：“修改”→“阵列”。

● 单击修改工具栏按钮“品”。

● 键盘键入：ARRAY。

命令: ARRAY∠

输入命令后，弹出“阵列”对话框，如图 4.11 所示。

阵列分为矩形阵列、环行阵列。

4.4.4.3　操作及说明

1. 矩形阵列

矩形阵列包括行和列，只要提供 5 个参数：行、列、行偏移、列偏移和阵列角度，就可以绘制一个矩阵。

在对话框中，点击“矩形阵列”单选按钮，如图 4.11 所示。

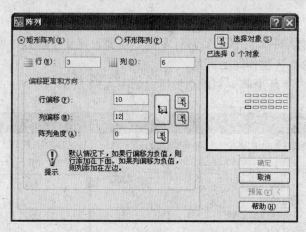

图 4.11 "矩形阵列"对话框

(1) 单击对话框右上角的"选择对象"按钮，屏幕切换到图形窗口，用鼠标选择指定的图形对象后，按 Enter 键返回到"阵列"对话框，这时在"选择对象"按钮下面显示"已选择了 1 个对象"。

(2) 在"行"和"列"文本框中，输入阵列的行数和列数。本例为 3 行 6 列。如果只指定了一行，必须指定多列，如果只指定了一列，就必须指定多行。

(3) 在"行偏移"和"列偏移"文本框中，输入指定的行间距和列间距。本例"行偏移"输入 10，"列偏移"输入 12。当行间距和列间距为正数时，图形对象分别向上和向右进行排列，当行间距和列间距为负数时，图形对象分别向下和向左进行排列。可根据提示分别输入指定的行间距和列间距，也可输入一个矩形的一组对角点，此矩形称为单元框，单元框的水平边长为列间距，垂直边长为行间距。

(4) 在"阵列角度"文本框，指定旋转的角度，可用鼠标指定，也可输入数值。本例为 0°。

(5) "预览"按钮。显示阵列后的图形。如果用户不满意，选择"修改"返回"阵列"对话框进行修改。

(6) 预览区域显示对话框当前设置的阵列后的预览图像。当修改设置后移到另一个字段时，预览图像将被动态更新。

(7) 设置完成后，单击"确定"按钮，完成矩形阵列操作，如图 4.12 所示。

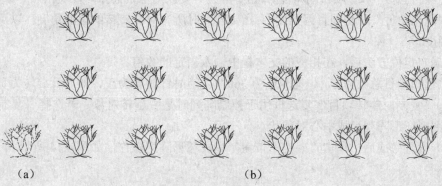

(a) (b)

图 4.12 矩形阵列

(a) 选择对象；(b) 阵列后

2. 环行阵列

循环矩阵是让物体绕着一个圆心点进行复制，需要设定 2 个参数：项目总数和填充角度，其中填充角度=项目总数×物体间的夹角。

在对话框中，单击"环形阵列"单选按钮，如图 4.13 所示。

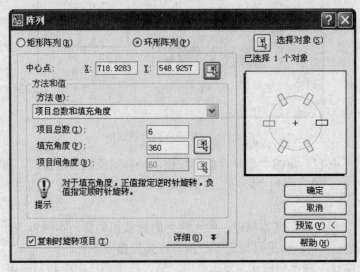

图 4.13　"环形阵列"对话框

（1）单击对话框右上角的"选择对象"按钮，屏幕跳转切换到图形窗口，选择指定的图形对象后，按 Enter 键返回到"阵列"对话框，这时在"选择对象"按钮下面显示"已选择了1 个对象"。

（2）"中心点"选项用于指定阵列中心。可以单击右边的按钮，在图形中用鼠标指定阵列中心，也可直接在其后面的两个文本框中输入中心点的坐标。

（3）在"方法和值"下拉列表框中选择一种定位的方法：

1）"项目总数"和"填充角度"：指定阵列时复制对象的总数，以及所有对象旋转的总角度。总角度是指阵列中第一个和最后一个元素的基点之间的包含角。

2）"项目总数"和"项目间角度"：指定阵列时复制对象的总数，以及相邻对象旋转角度。

3）"填充角度"和"项目间角度"：指定阵列时所有对象旋转的总的角度，以及相邻对象的旋转角度。

4）确定定位方法后，在相应的文本框中输入指定的数值。

本例选择项目总数为 6，填充角度为 360°。逆时针旋转为正，顺时针旋转为负。

（4）"复制时旋转项目"复选框用于控制阵列时是否旋转对象，若选择"复制时旋转项目"，则图形环形阵列后成中心对称状。

（5）设置完成后，单击"确定"按钮，完成环形阵列操作，如图 4.14 所示。

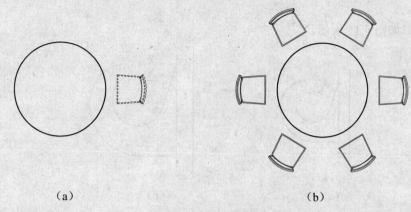

（a）   （b）

图 4.14　环形阵列

（a）选择对象；（b）阵列后

4.5　缩 放、拉 伸

缩放和拉伸命令是将实体双向或单向放大或缩小。

4.5.1　缩放

1．功能

将对象按比例放大或缩小，也可以参照其他对象进行放大或缩小。

2．输入命令

通过以下三种方式输入命令：

- 下拉菜单：“修改”→“缩放”。
- 单击修改工具栏按钮“□”。
- 键盘键入：SCALE。

3．命令行操作及说明

　　　命令：SCALE✓

　　　选择对象：选择要缩放的对象　找到 1 个

　　　选择对象：✓

　　　指定基点：拾取点 1

　　　指定比例因子或[复制(C)/参照(R)]：1.5✓　（源对象放大了 1.5 倍）

各选项含义如下：

（1）比例因子。按指定的比例放大或缩小选定对象的尺寸。比例因子大于 1，图形放大，比例因子在 0～1 之间，图形缩小。

（2）复制（C）。创建要缩放的选定对象的副本。即保留源对象，复制一个有比例因子的图形。

（3）参照（R）。按参照指定的新长度缩放所选对象。分别输入两个大于 0 的实数作为参考长度和新长度，也可以在屏幕上指定两个点来确定长度值。新长度大于原长度时，图形放大，反之图形缩小。缩放一组实体时，只要已知其中任意一个尺寸的原长度和新长度，就可以不按比例矩形缩放。

　　所画的图形如图 4.15 所示。

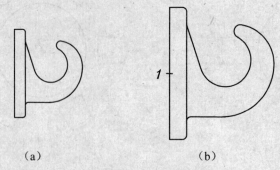

（a）　　　　　　　　　　（b）

图 4.15　缩放

（a）缩放前；（b）缩放后

4.5.2　拉伸

1. 功能

将对象单方向改变尺寸，使它加长或缩短。

2. 输入命令

通过以下三种方式输入命令：

- 下拉菜单："修改"→"拉伸"。
- 单击修改工具栏按钮"⬚"。
- 键盘键入：STRETCH。

3. 命令行操作及说明

　　命令：STRETCH↙

　　以交叉窗口或交叉多边形选择要拉伸的对象…

　　选择对象：选择要拉伸的对象　指定对角点：找到 4 个

　　选择对象：↙

　　指定基点或[位移(D)]< 位移>：拾取点 1

　　指定位移的第二个点或 <使用第一个点作位移>：拾取点 2

如图 4.16 所示，在执行拉伸命令时：

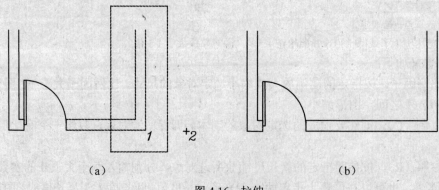

（a）　　　　　　　　　　　　　　　　（b）

图 4.16　拉伸

（a）拉伸前；（b）拉伸后

（1）以交叉窗口或交叉多边形选择要拉伸的对象。

（2）窗口外的对象不动，窗口内的对象拉伸。对象为虚像时拉伸，否则对象不动，若对象全部选在窗口内，则变为移动。

（3）指定基点和位移：第一点为基点，第二个点为拉伸新位置，或直接指定方向，输入位移量。

4.6　修 剪、延 伸

修剪、延伸是将指定对象部分删除或部分延长。

4.6.1　修剪

1．功能

以指定对象为边界，剪去超出部分。

2．输入命令

通过以下三种方式输入命令：

● 下拉菜单："修改"→"修剪"。

● 单击修改工具栏按钮"✚"。

● 键盘键入：TRIM。

3．命令行操作及说明

命令：TRIM↙

当前设置：投影=UCS，边=延伸

选择剪切边…

选择对象或<全部选择>：选择要修剪对象的边界（1、2 两条直线）指定对角点：找到 2 个

选择对象：↙

选择要修剪的对象，或按住 Shift 键选择要延伸的对象，或[栏选(F)/窗交(C)/投影(P)/边(E)/删除(R)/放弃(U)]：单击要剪掉的对象 3、4

选择要修剪的对象，或按住 Shift 键选择要延伸的对象，或[栏选(F)/窗交(C)/投影(P)/边(E)/删除(R)/放弃(U)]：↙

如图 4.17 所示，在执行修剪命令时，延伸是选择对象而不是要修剪的对象。

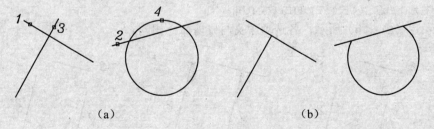

（a）　　　　　　　　　　　　　　（b）

图 4.17　修剪

（a）修剪前；（b）修剪后

各选项含义如下：

（1）选择对象或<全部选择>。选择所有显示的对象作为潜在的剪切边。

（2）按住 Shift 键选择要延伸的对象。在修剪命令中执行延伸，所选定的对象是延伸，而不是修剪。此选项提供了一种在修剪和延伸之间切换的简便方法。

（3）栏选（F）。选择与选择栏相交的所有对象，选择栏是一系列临时线段，用两个或多个栏选点指定的，不构成闭合环。

（4）窗交（C）。选择由两点确定的矩形区域内的对象，或者与之相交的对象。

（5）投影（P）。指定修剪对象时使用的投影方法。

（6）边（E）。确定对象是在另一对象的延长边处进行修剪。

（7）删除（R）：删除选定的对象。此选项作用与"ERASE"命令相同，在执行"TRIM"命令时，提供了一种用来删除不需要的对象的简便方法，无需退出"TRIM"命令。

（8）放弃（U）。撤销由"TRIM"命令所做的最近一次修改。

4.6.2　延伸

1. 功能

将选中的对象延伸到指定的边界。

2. 输入命令

通过以下三种方式输入命令：

● 下拉菜单："修改"→"延伸"。

● 单击修改工具栏按钮"⊣"。

● 键盘键入：EXTEND。

3. 命令行操作及说明

　　命令: EXTEND↙

　　当前设置:投影=UCS，边=延伸

　　选择边界的边...

　　选择对象或<全部选择>: ↙（全部对象都作为边界的边）

　　选择要延伸的对象，或按住 Shift 键选择要修剪的对象，或

　　[栏选(F)/窗交(C)/投影(P)/边(E)/放弃(U)]: 拾取边 1

　　选择要延伸的对象，或按住 Shift 键选择要修剪的对象，或

　　[栏选(F)/窗交(C)/投影(P)/边(E)/放弃(U)]: 拾取边 2

　　选择要延伸的对象，或按住 Shift 键选择要修剪的对象，或

　　[栏选(F)/窗交(C)/投影(P)/边(E)/放弃(U)]: ↙

如图 4.18（a）、（b）所示，各选项含义与修剪命令相同。

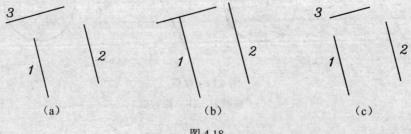

图 4.18

（a）延伸前；（b）延伸后；（c）延伸命令中的修剪

在选择要延伸的对象时，若按住了 Shift 键后，再选择要延伸的对象，则延伸变成了修剪，如图 4.18（c）所示。

> 命令: EXTEND✓
> 当前设置:投影=UCS，边=延伸
> 选择边界的边...
> 选择对象或<全部选择>: ✓（全部对象都作为边界的边）
> 选择要延伸的对象，或按住 Shift 键选择要修剪的对象，或
> [栏选(F)/窗交(C)/投影(P)/边(E)/放弃(U)]: 拾取边 3
> 选择要延伸的对象，或按住 Shift 键选择要修剪的对象，或
> [栏选(F)/窗交(C)/投影(P)/边(E)/放弃(U)]: ✓

4.7 倒 角、圆 角

倒角、圆角命令用于对两条直线或多段线倒棱角和倒圆角。

4.7.1 倒角

1. 功能

倒角是对两条直线或多段线倒棱角。

2. 输入命令

通过以下三种方式输入命令：

● 下拉菜单:"修改"→"倒角"。

● 单击修改工具栏按钮" "。

● 键盘键入：CHAMFER。

3. 命令行操作及说明

> 命令: CHAMFER✓
> 当前倒角距离 1 = 0.0000，距离 2 = 0.0000
> 选择第一条直线或 [放弃(U)/多段线(P)/距离(D)/角度(A)/修剪(T)/方式(E)/多个(M)]:

各选项含义如下：

（1）放弃(U)。恢复在命令中执行的上一个操作。

（2）多段线(P)。对二维多段线倒角。相交多段线线段在每个多段线顶点被倒角。倒角成为多段线的新线段。如果多段线包含的线段过短以致于无法容纳倒角的距离，则不对这些线段倒角。

（3）距离(D)。倒角到选定边端点的距离，如果将两个距离均设置为零，则变成了修剪两条直线，使它们相交于一点。

（4）角度(A)。用第一条线的倒角距离和第二条线的角度设置倒角距离。

（5）修剪(T)。将相交的直线修剪至倒角直线的端点。如果选定的直线不相交，延伸或修剪这些直线，使它们相交。

（6）方式(E)。控制"CHAMFER"使用两个距离还是一个距离和一个角度来创建倒角。

（7）多个(M)。为多组对象的边倒角。

4. 举例

（1）为两条直线倒角。如图 4.19 所示。

命令: CHAMFER↙

当前倒角距离 1 = 0.0000，距离 2 = 0.0000

选择第一条直线或 [放弃(U)/多段线(P)/距离(D)/角度(A)/修剪(T)/方式(E)/多个(M)]: d↙

指定第一个倒角距离 <0.0000>: 3↙

指定第二个倒角距离 <3.0000>: 1.5↙ （两条边可以等长，也可以不等长）

选择第一条直线或 [放弃(U)/多段线(P)/距离(D)/角度(A)/修剪(T)/方式(E)/多个(M)]: 拾取边 1

选择第二条直线，或按住 Shift 键选择要应用角点的直线: 拾取边 2

（2）为多段线倒角。

命令: CHAMFER↙

("修剪"模式) 当前倒角距离 1 = 3.0000，距离 2 = 1.5000（上一次的操作，作为下一次的默认值）

选择第一条直线或 [放弃(U)/多段线(P)/距离(D)/角度(A)/修剪(T)/方式(E)/多个(M)]: D↙

指定第一个倒角距离 <3.0000>: 4↙

指定第二个倒角距离 <4.0000>: ↙

选择第一条直线或 [多段线(P)/距离(D)/角度(A)/修剪(T)/方式(M)/多个(U)]: P↙

选择二维多段线: 拾取边 3

1 条直线已被倒角

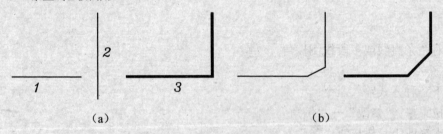

图 4.19　倒角

（a）倒角前；（b）倒角后

4.7.2　圆角

1. 功能

圆角是对两条直线或多段线倒圆角，使之光滑连接。

2. 输入命令

通过以下三种方式输入命令：

● 下拉菜单："修改" → "圆"。

● 单击修改工具栏按钮 "　"。

● 键盘键入：FILLET。

3. 命令行操作及说明

命令: FILLET↙

当前设置: 模式 = 修剪，半径 = 0.0000

选择第一个对象或 [放弃(U)/多段线(P)/半径(R)/修剪(T)/多个(M)]: R↙

指定圆角半径 <0.0000>: 5↙ （圆角半径为 5mm）

选择第一个对象或 [放弃(U)/多段线(P)/半径(R)/修剪(T)/多个(M)]: 拾取边 1

选择第二个对象，或按住 Shift 键选择要应用角点的对象: 拾取边 2

命令: <u>FILLET</u>↙

当前设置: 模式 = 修剪, 半径 = 5.0000

选择第一个对象或 [放弃(U)/多段线(P)/半径(R)/修剪(T)/多个(M)]: <u>P</u>↙

选择二维多段线: 拾取边 3

2 条直线已被圆角

如图 4.20 所示, 各选项含义与倒角命令相同。

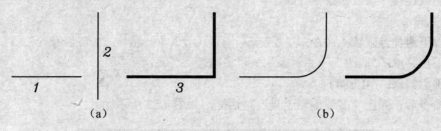

图 4.20　圆角

（a）圆角前；（b）圆角后

4.8 分　解

1. 功能

可将一个实体分解为若干个单体, 分解后的对象, 改变了原来的特性。如多段线、图块、填充图案、尺寸标注等。

2. 输入命令

通过以下三种方式输入命令:

- 下拉菜单:"修改" → "分解"。
- 单击修改工具栏按钮" "。
- 键盘键入: EXPLODE。

3. 命令行操作

命令: <u>EXPLODE</u>↙

选择对象: （选择要分解的对象）找到 1 个

选择对象: ↙

分解此多段线时丢失宽度信息。

可用 UNDO 命令恢复。

如图 4.21 所示。

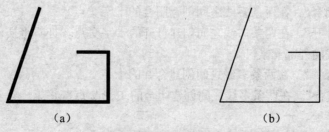

（a）　　　　　　　　　　　　　（b）

图 4.21　分解

（a）分解前；（b）分解后

4.9 多 线 编 辑

1. 功能

用多线命令绘制的线条，用"多线编辑工具"可以编辑两条或多条多线之间的连接状态，还可以剪切或连接一条或多条平行线。

2. 输入命令

通过以下两种方式输入命令：

● 下拉菜单："修改"→"对象"→"多线"。

● 键盘键入：MLEDIT。

输入命令后，弹出"多线编辑工具"对话框，如图 4.22 所示。

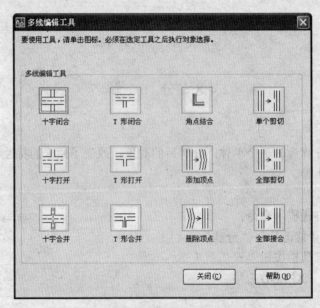

图 4.22 "多线编辑工具"对话框

该对话框共有 12 个图标，以四列显示样例图像。第一列控制交叉的多线，第二列控制 T 形相交的多线，第三列控制角点结合和顶点，第四列控制多线中的打断。用户单击某个图标，屏幕就会切换到工作界面，对所画的多线进行编辑。

各图标含义如下：

（1）"十字闭合"。在两条多线之间创建闭合的十字交点。

（2）"十字打开"。在两条多线之间创建打开的十字交点。打断将插入第一条多线的所有元素和第二条多线的外部元素。

（3）"十字合并"。在两条多线之间创建合并的十字交点。

（4）"T 形闭合"。在两条多线之间创建闭合的 T 形交点，将第一条多线修剪或延伸到与第二条多线的交点处。

（5）"T 形打开"。在两条多线之间创建打开的 T 形交点。

（6）"T 形合并"。在两条多线之间创建合并的 T 形交点，将多线修剪或延伸到与另一条多线的交点处。

（7）"角点结合"。在多线之间创建角点结合，将多线修剪或延伸到它们的交点处。

（8）"添加顶点"。增加一个顶点。

（9）"删除顶点"。删除一个顶点。

（10）"单个剪切"。断开多线中的一条线。

（11）"全部剪切"。将多线全部断开。

（12）"全部接合"。将已被剪切的多线线段重新接合起来。

3. 命令行操作及说明

下面以"T 形合并"和"角点结合"为例，说明多线编辑，如图 4.23 所示。

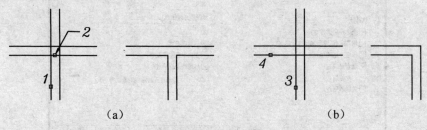

图 4.23 多线编辑

（a）T 形合并；（b）角点结合

1、2 两条多线为一组，每选择一组多线，AutoCAD 将其修剪成"T 形合并"的多线，完成一组后，系统重复相同的提问，按 Enter 键结束命令。

用户可以继续选择下一组 3、4 多线进行"角点结合"编辑。

命令: MLEDIT（弹出"多线编辑工具"对话框，单击"T 形合并"按钮，返回屏幕图形状态）

选择第一条多线: 单击第一条多线 1

选择第二条多线: 单击第二条多线 2

选择第一条多线或 [放弃(U)]: ↙

命令: MLEDIT（弹出"多线编辑工具"对话框，单击"角点结合"按钮，返回屏幕图形状态）

选择第一条多线: 单击第一条多线 3

选择第二条多线: 单击第二条多线 4

选择第一条多线或 [放弃(U)]: ↙

用多线编辑命令修改后的多线仍然是一个独立的实体，要想把它变成各自的单体，必须用分解命令将其分解。

4.10 夹 点 编 辑

夹点是图形对象上可以控制对象位置、大小的关键点，也就是对象的特征点，夹点编辑就是先选中对象，然后利用捕捉夹点，快速进行编辑。

4.10.1 夹点设置

通过以下两种方式输入命令：

● 下拉菜单："工具"→"选项"。

● 键盘键入：OPTIONS。

输入命令后，弹出"选项"对话框，选择"选择"标签，如图 4.24 所示。

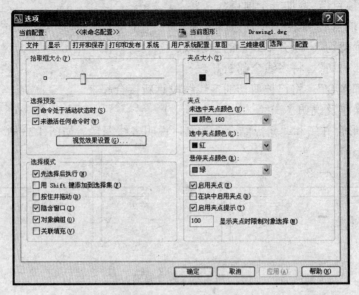

图 4.24　"选择"标签

（1）"启用夹点"复选框控制夹点的显示，如选中，将显示夹点，如不选中，则夹点不显示。

（2）"在块中启用夹点"复选框控制图块夹点的显示，如选中，将显示块内所有对象的夹点，如不选中，则显示块的插入点的夹点。该复选框一般不选。

（3）夹点的大小、夹点的颜色等其他内容，本文不再叙述，通常按默认设置，如图 4.24 所示，以下的操作按设置的默认颜色进行。

4.10.2　夹点操作

在没有执行任何命令时，选择对象，该对象的全部夹点就会显示出来，AutoCAD 用虚像显示已选中的对象。

1. 显示夹点

对象夹点用蓝色小方框显示，不同的对象夹点不同，如图 4.25 所示，直线有 3 个夹点，圆有 5 个夹点，多边形有多个夹点，文本只有一个夹点。

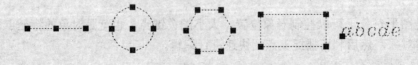

图 4.25　常用对象的夹点

2. 捕捉夹点

当光标移动到夹点附近时，光标将自动地捕捉到夹点。这时夹点的颜色由蓝色变为绿色，

点击鼠标左键，该夹点又变成了红色，红色的夹点表示该夹点被选中。图 4.26 表示已捕捉到
直线的中点。

3. 关闭夹点

按 Esc 键退出夹点。在显示夹点状态，按一次就关闭；
在捕捉夹点状态，按两次才关闭。

图 4.26 捕捉夹点

4.10.3 利用夹点编辑

在选取了图形对象后，先选中某个夹点，再单击鼠标右键，弹出图 4.27 所示夹点编辑菜
单。在该菜单中，列出了可进行编辑的项目，用户可以单击相应的菜单进行编辑。

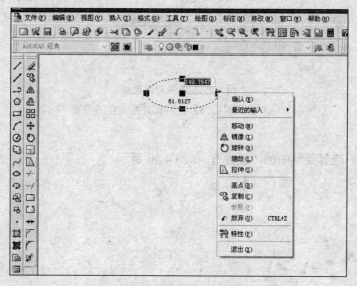

图 4.27 夹点编辑菜单

1. 移动

捕捉夹点后，选择菜单中的"移动"，这时若移动光标，所选对象会和光标一起移动，移
至目标点后单击鼠标左键即完成了操作，按 Esc 键退出夹点，如图 4.28（a）所示。

利用夹点移动对象时，还有一种更简便的方法，只需选中移动夹点，如直线的中点，圆
的中心、文本的插入点等，所选的夹点将会和光标一起移动，用户在指定位置按下鼠标左键，
就可以将对象移动到指定位置，如图 4.28（b）所示。

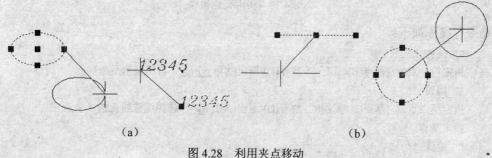

(a)   (b)

图 4.28 利用夹点移动

（a）用菜单命令移动辑；（b）利用移动夹点移动

2. 拉伸

利用夹点拉伸对象时，只需选中对象两侧的夹点，如直线的端点、圆的象限点等，所选的夹点将会和光标一起移动，用户在指定位置单击鼠标左键，就可以将对象拉伸到指定位置，如图 4.29 所示。

只有一个夹点的对象，系统自动将拉伸功能变成为移动功能。

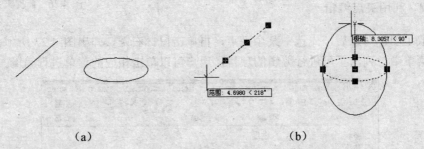

(a)　　　　　　　　　　　　　　　　　(b)

图 4.29　利用夹点拉伸

（a）拉伸前；（b）拉伸到光标指定的位置

3. 镜像

捕捉夹点后，选择菜单中的"镜像"，如图 4.30 所示。

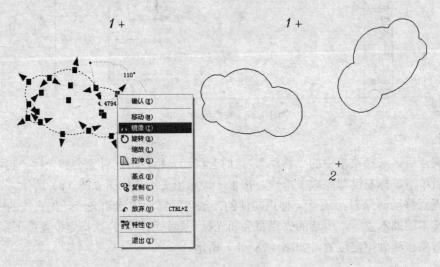

图 4.30　利用夹点镜像

命令行操作如下：

　　** 拉伸 **

　　指定拉伸点或 [基点(B)/复制(C)/放弃(U)/退出(X)]: mirror（自动显示命令）

　　** 镜像 **

　　指定第二点或 [基点(B)/复制(C)/放弃(U)/退出(X)]: B↙（选择镜像线上的 2 个点）

　　指定基点: 拾取点 1

　　** 镜像 **

　　指定第二点或 [基点(B)/复制(C)/放弃(U)/退出(X)]: C↙（选择保留原对象）

** 镜像 (多重) **

指定第二点或 [基点(B)/复制(C)/放弃(U)/退出(X)]: 拾取点 2

** 镜像 (多重) **

指定第二点或 [基点(B)/复制(C)/放弃(U)/退出(X)]: ↙

各选项含义如下：

（1）基点（B）。默认情况下，选中的夹点作为镜像线上的第一点，如不是该点，用户应输入 B，重新选择镜像线。

（2）复制（C）。默认情况下，原对象被删除。若想保留原对象，输入 C。

4. 缩放

捕捉夹点后，选择菜单中的"缩放"，如图 4.31 所示。

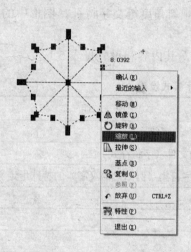

图 4.31 利用夹点缩放

命令行操作如下：

** 拉伸 **

指定拉伸点或 [基点(B)/复制(C)/放弃(U)/退出(X)]: _scale（自动显示命令）

** 比例缩放 **

指定比例因子或 [基点(B)/复制(C)/放弃(U)/参照(R)/退出(X)]: 1.5↙（输入比例因子，原图放大了1.5 倍）

第 5 章 文 字 注 写

文字是图样的一部分，如说明文字、注释文字、尺寸标注、标题栏等，它与图形一起表达完整的设计思想。AutoCAD 提供了很强的文字处理功能，它支持 Windows 系统的各类字体，包括 TrueType 字体和扩展的字符格式等。本章介绍文字的注写方法。

5.1 文 字 样 式

文字样式是指文字的字体、字号、方向、倾斜角度等文字特征，图形中的所有文字都具有与之相关的文字样式。

AutoCAD 提供了默认文字样式"Standard"，其内容和设置见表 5.1。

表 5.1　文字样式设置

设置	默认	说　　明
样式名	Standard	名称最长为 255 个字符
字体名	txt.shx	与字体相关联的文件（字符样式）
大字体	无	用于非 ASCII 字符集（例如日语汉字）的特殊形定义文件
高度	0	字符高度
宽度比例	1	扩展或压缩字符
倾斜角度	0	倾斜字符
反向	否	反向文字
颠倒	否	颠倒文字
垂直	否	垂直或水平文字

该样式的字体调用的是 AutoCAD 中文版的西文字库文件"txt.shx"，该字库不包含汉字，是矢量字体，矢量字体的扩展名为".shx"，因此，在书写文字前必须首先设置文字样式。

如果要书写其他样式的文字，必须创建新的文字样式，并将新的文字样式置于当前。当前文字样式的设置显示在命令行提示中。

对于新创建的文字样式，可以修改其名称和特征，如果重命名现有的文字样式，任何使用旧名称的文字都采用新的文字样式名。

对于不用的文字样式，可以从"文字样式"对话框中将其删除，条件是该文字样式在此图形文件中没有实例存在，只要有任何文字属于该文字样式，都不能删除该文字样式。也可以用清理命令"PURGE"将其从图形中删除，但不能删除当前文字样式和"Standard"文字样式。

通过以下三种方式输入命令：
- 下拉菜单："格式"→"文字样式"。
- 单击样式工具栏按钮"A"。

● 键盘键入：STYLE。

输入命令后，弹出"文字样式"对话框，如图 5.1 所示。

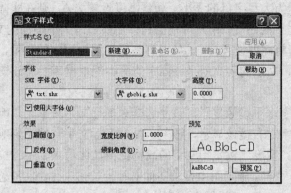

图 5.1　"文字样式"对话框

在 AutoCAD 中书写汉字、数字、西文字母时，应在不同的文字样式下输入。下面分别介绍这三种文字样式的设置。

5.1.1　汉字样式

单击"新建"按钮，弹出"新建文字样式"对话框，如图 5.2（a）所示。

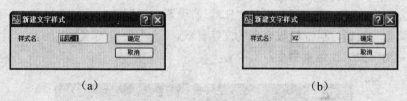

（a）　　　　　　　　　　　　　　（b）

图 5.2　"新建文字样式"对话框

1．"样式名"

样式名称可长达 255 个字符，包括字母、数字以及特殊字符，如美元符号($)、下划线 (_)和连字符(-)等。

将样式名"样式 1"改为"HZ"，如图 5.2（b）所示，单击"确定"按钮，返回"文字样式"对话框。这时，在"文字样式"对话框样式名的下拉列表框中，样式名显示为"HZ"。

2．"字体"

（1）"字体名"。字体名定义了构成每个字符集的文字字符的形状。除了 SHX 字体外，还可以使用 TrueType 字体。字体名缺省名为"txt.shx"，在字体名下拉列表框中，选择汉字的字体名"TT 仿宋_GB2312"。若选择以@符号开始的字体，如"TT@仿宋_GB2312"，文字将自动旋转 270°。

（2）"使用大字体"复选框。指定亚洲语言的大字体文件。亚洲字母表包含数千个非 ASCII字符。为支持这种文字，程序提供了一种称作大字体文件的特殊类型的形定义。只有 SHX 文件才可以创建"大字体"。只有在"字体名"中指定了 SHX 文件，才能使用"大字体"。本设置不选择大字体。

（3）"字体样式"。指定字体格式，选定"使用大字体"后，该选项变为"大字体"，用于选择大字体文件。本设置选择常规字体样式。

（4）"高度"。文字高度是用户所用字体中的字母大小（以图形单位计算）。除了在 TrueType 字体中，该值通常表示为大写字母的大小。如将高度设置为 0，则在实际书写文字时，每次都会在命令行提示输入文字的高度，用户可根据具体需要书写大小不同的文字。因此，要在创建文字时指定其高度，请将高度设置为 0。如果将高度设置为固定的数值，则输入文字时命令行不再提示输入"高度"，文字的字高就是该固定值而不能根据需要而改变。

3."效果"

（1）"颠倒"。文字水平镜像显示，该复选框对多行文字对象无影响。

（2）"反向"。文字左右镜像显示，该复选框对多行文字对象无影响。

（3）"宽度比例"。宽度比例是指文字的高宽比值，比值大于 1 时，字体比较"胖"，比值小于 1 时，字体比较"瘦"。施工图中要求字体书写为长仿宋体，即字宽与字高之比为 $1/\sqrt{2}$，因此，设置宽度比例为 0.7。一旦设置了宽度比例，那么该文字样式中的字体随着字高的变化，其高宽比例始终保持不变。但"宽度比例"复选框对单行文字对象无影响。

（4）"倾斜角度"。倾斜角度决定了文字是向右还是向左倾斜。倾斜角度表示的是相对于 90°方向的偏移角度。书写汉字时，通常设置倾斜角度为 0°。但"倾斜角度"复选框对单行文字对象无影响。

4."预览"

在预览框内，用户可以观看书写字体的效果。

单击"应用"按钮，完成汉字样式"HZ"的设置，如图 5.3 所示。

单击"新建"按钮，可继续设定新的文字样式。

单击"关闭"按钮，结束命令。

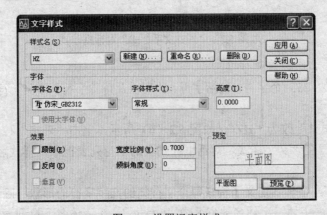

图 5.3   设置汉字样式

5.1.2   数字样式

单击"新建"按钮，设置数字样式。

设置数字样式的步骤与设置文字样式的步骤相同。

（1）"样式名"：DIM。

（2）"字体名"：simplex.shx。

（3）"高度"：0.0000。

（4）"宽度比例"：0.7。

（5）"倾斜角度"：0。

单击"应用"按钮，完成数字样式的设置，如图 5.4 所示。

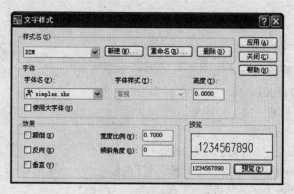

图 5.4　设置数字样式

5.1.3　西文样式

单击"新建"按钮，设置西文样式。

（1）"样式名"：ZM。

（2）"字体名"：complex.shx。

（3）"高度"：0.0000。

（4）"宽度比例"：0.7。

（5）"倾斜角度"：0。

单击"应用"按钮，完成西文样式的设置，如图 5.5 所示。

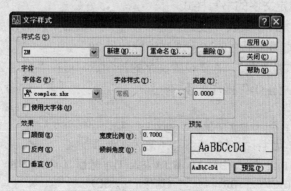

图 5.5　设置西文样式

单击"关闭"按钮，结束文字样式的设置，返回绘图工作界面。

5.2　文　字　注　写

文字书写有两种方式，用"DTEXT"或"TEXT"命令书写单行文字或多行文字。

5.2.1　单行文字

1. 功能

在屏幕的指定位置书写单行文字。用单行文字命令书写的文字，每一行文字构成一个实体。

2. 输入命令

通过以下两种方式输入命令：

- 下拉菜单："绘图"→"文字"→"单行文字"。
- 键盘键入：DTEXT。

3. 命令行操作及说明

命令: DTEXT↙

当前文字样式: HZ　当前文字高度: 2.5000

指定文字的起点或 [对正(J)/样式(S)]:拾取文字的起点

指定高度 <2.5000>: ↙（默认当前字高）

指定文字的旋转角度 <0>: ↙（默认当前转角）

输入文字: 钢筋混凝土↙（键盘键入"钢筋混凝土"，同时屏幕动态显示，按 Enter 键换行，换行后可继续输入文字）

输入文字: ↙（换行后，不输入文字，继续 ↙，结束命令）

各选项含义如下：

（1）当前文字样式。书写的文字使用当前文字样式。

（2）当前文字高度。默认设置当前的字高，若当前文字样式设置了固定高度，屏幕则显示固定高度值。

（3）文字的起点。指定文字对象的起点。

（4）对正(J)。控制文字的对正。

（5）样式(S)。指定文字的书写样式。

（6）文字的旋转角度。旋转角度是指基线以中点为圆心旋转的角度，它决定了文字基线的方向，如输入 30，则显示书写的文字逆时针旋转了 30°。

默认文字的控制点是"左"，若要设置文字的控制点，可在"指定文字的起点或 [对正(J)/样式(S)]"时，选择"对正(J)"操作如下：

命令: DTEXT↙

当前文字样式: HZ　当前文字高度: 2.5000

指定文字的起点或 [对正(J)/样式(S)]: J↙ 输入选项

[对齐(A)/调整(F)/中心(C)/中间(M)/右(R)/左上(TL)/中上(TC)/右上(TR)/左中(ML)/正中(MC)/右中(MR)/左下(BL)/中下(BC)/右下(BR)]: MC↙（选择正中对正）

各选项含义如下：

（1）对齐（A）。以两个指定点为基线的端点，使输入文字的总宽度等于这两个端点之间的距离，图 5.6 中，两行文字的宽度比相同，字高不同，文字字符串越长，字符越矮。由此可见，所设的字高不起作用，它随文字宽度比的变化而变化。

（2）调整（F）。调整与对齐相反，它指定了文字的高度，文字的总宽度与两个指定端点的距离相等，文字字符串越长，字符越窄。因此，文字的宽度比随文字数量的多少而变化，如

图 5.7 所示。

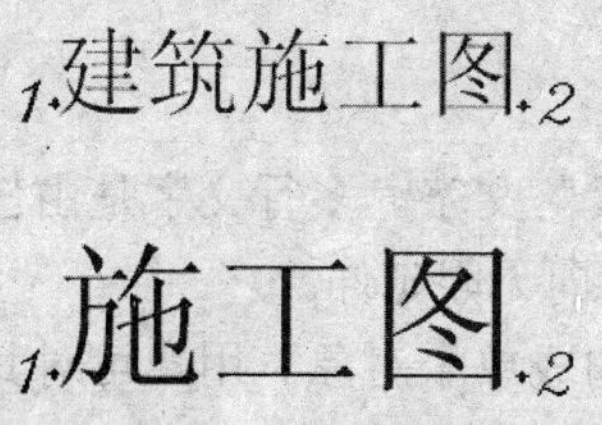

*1*建筑施工图*2*   *1*计算机绘图*2*

*1*施工图*2*   *1*说明书*2*

图 5.6　对齐时文字宽度比例不变 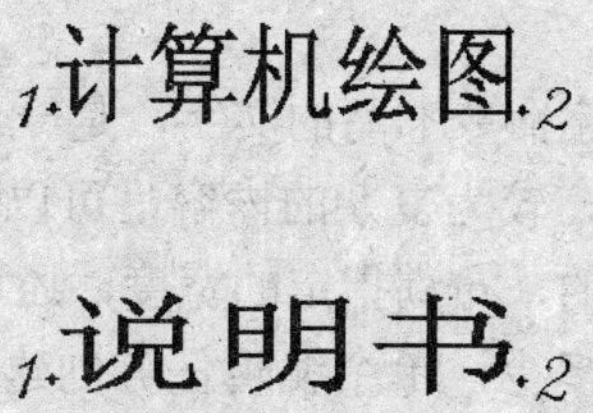　　　　图 5.7　调整时文字高度不变

（3）中心(C)。从基线的水平中心对齐文字，此基线是由用户给出的点指定的。

（4）中间(M)。文字在基线的水平中点和指定高度的垂直中点上对齐，中间对齐的文字不保持在基线上。

（5）右(R)。在由用户给出的点指定的基线上右对正文字。

（6）左上(TL)。在指定为文字顶点的点上左对正文字，此选项只适用于水平方向的文字。

（7）中上(TC)。以指定为文字顶点的点居中对正文字，此选项只适用于水平方向的文字。

（8）右上(TR)。以指定为文字顶点的点右对正文字，此选项只适用于水平方向的文字。

（9）左中(ML)。在指定为文字中间点的点上靠左对正文字，此选项只适用于水平方向的文字。

（10）正中(MC)。在文字的中央水平和垂直居中对正文字，此选项只适用于水平方向的文字。"正中"与"中间"不同，"正中"选项使用大写字母高度的中点，而"中间"选项使用的中点是所有文字包括下行文字在内的中点。

（11）右中(MR)。以指定为文字的中间点的点右对正文字，此选项只适用于水平方向的文字。

（12）左下(BL)。以指定为基线的点左对正文字，此选项只适用于水平方向的文字。

（13）中下(BC)。以指定为基线的点居中对正文字，此选项只适用于水平方向的文字。

（14）右下(BR)。以指定为基线的点靠右对正文字，此选项只适用于水平方向的文字。

选项的对正点如图 5.8 所示。

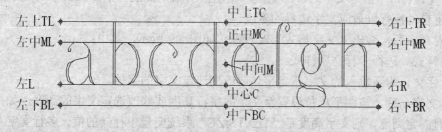

图 5.8　文字的对正点

对正同时控制相对于文字插入点的文字对齐和文字走向，文字自插入点排列，插入点可以在文字对象的中间、顶部和底部。

5.2.2　多行文字

1．功能

用多行文字命令书写的文字，是一个实体。

对于较长、较为复杂的内容，可以创建多行或段落文字。多行文字是由任意数目的文字行或段落组成的，布满指定的宽度，还可以沿垂直方向无限延伸。

无论行数多少，单个编辑任务创建的段落集将构成单个对象。用户可对其进行移动、旋转、删除、复制、镜像或缩放操作。

2．输入命令

通过以下三种方式输入命令：

● 　下拉菜单："绘图" → "文字" → "多行文字"。

● 　单击绘图工具栏按钮 " A "。

● 　键盘键入：MTEXT。

3．命令行操作及说明

命令: MTEXT↙　当前文字样式:"HZ"　当前文字高度:2.5

指定第一角点: 拾取文字书写矩形框的起点

指定对角点或 [高度(H)/对正(J)/行距(L)/旋转(R)/样式(S)/宽度(W)]: 拾取文字书写矩形框的对角点

各选项含义如下：

（1）指定第一角点。指定文字边框的第一个对角点。

（2）指定对角点。与指定的第一个角点组成书写文字的边框，矩形内的箭头指示段落文字的走向。文字边框用于定义多行文字段落的宽度，多行文字的长度取决于文字量，而不是边框的长度。

（3）高度(H)。指定多行文字的高度，多行文字对象可以包含不同高度的字符。

（4）对正(J)。设置多行文字的对齐方式和文字走向，"左上"选项为默认设置。

（5）行距(L)。多行文字的行距是一行文字的基线（底部）与下一行文字基线之间的垂直距离。行距比例适用于整个多行文字对象而不是选定的行，单倍行距是文字字符高度的 1.66 倍。

（6）旋转(R)。指定文字边界的旋转角度。

（7）样式(S)。指定用于多行文字的文字样式名。

（8）宽度(W)。指定文字边界的宽度，是起点与指定点之间的距离。多行文字对象每行中的单字可自动换行以适应文字边界的宽度。

输入对角点后，弹出"文字格式"输入框，如图 5.9 所示，其中：

（1）样式。选择多行文字样式。

（2）字体。为新输入的文字指定字体或改变选定文字的字体。

（3）文字高度。按图形单位设置新文字的字符高度或修改选定文字的高度，如果当前文字样式没有固定高度，则文字高度是 "TEXTSIZE" 系统变量中存储的值。多行文字对象可以包含不同高度的字符。

（4）粗体。为新建文字或选定文字打开和关闭粗体格式。

（5）斜体。为新建文字或选定文字打开和关闭斜体格式。

（6）下划线。为新建文字或选定文字打开和关闭下划线格式。

（7）放弃。在在位文字编辑器中放弃操作，包括对文字内容或文字格式所做的修改。

（8）重做。在在位文字编辑器中重做操作，包括对文字内容或文字格式所做的修改。

（9）文字颜色。为新输入的文字指定颜色或修改选定文字的颜色。

（10）标尺。在编辑器顶部显示标尺。拖动标尺末尾的箭头可更改多行文字对象的宽度。

用户在该对话框中输入文字，单击"确定"按钮，结束命令。

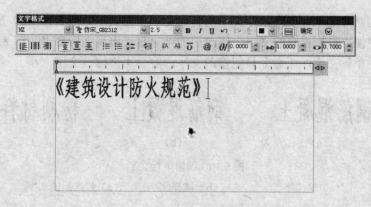

图 5.9 "文字格式"多行文字输入框

5.2.3 特殊字符

AutoCAD 的文字处理功能，除了能处理汉字、数字和常用符号外，还提供了对一些控制码和特殊字符的支持。这些控制码和特殊字符一般不能由键盘直接输入。为了满足图纸上对特殊字符的需要，AutoCAD 中文版提供了控制码用于输入特殊字符。每个控制码均由两个百分号"%%"作为引导，后面跟着控制符。

（1）%%P——绘制正负号"±"。

（2）%%C——绘制直径"ϕ"。

（3）%%D——绘制度"°"。

（4）%%%——绘制百分号"%"。

（5）%%U——绘制下划线"__"。

（6）%%O——绘制上划线"‾"。

上划线和下划线的控制码在书写文字前使用，且可以同时使用。

控制码只对设置为矢量字体的文字样式有效，对 TrueType 字体的文字样式无效。

5.3 文 字 编 辑

对已输入的文字进行编辑和修改，修改只影响选定的文字，当前的文字样式不变。

通过以下两种方式输入命令：

● 下拉菜单："修改"→"对象"→"文字"→"编辑"。

● 键盘键入：DDEDIT。

命令行显示：

命令: DDEDIT↙

    选择注释对象或 [放弃(U)]: 拾取要修改的文字

此时光标变为拾取框，用拾取框选择要编辑和修改的对象。

选择对象的书写文字样式不同，弹出对话框也不同。

5.3.1 修改单行文字

如果选择的对象是单行文字，该文字的背景变成不透明，如图 5.10（b）所示，用户可直接输入新的文字便可替换原有的文字，修改后的结果直接出现在屏幕上，图 5.10（c）所示。

对于绘制的单行文字，该命令只能修改文字内容，不能修改文字大小。

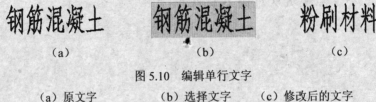

    （a）   （b）   （c）

图 5.10   编辑单行文字

（a）原文字   （b）选择文字   （c）修改后的文字

5.3.2 修改多行文字

如果选择的对象是多行文字，则弹出"文字格式"工具栏和多行文字输入框，用户可以在该对话框里重新编辑和修改已输入的文字，修改过程与文字输入相同，可以同时修改文字内容和全部特性，如修改图 5.11 中的文字，使其大小不相同。

图 5.11   编辑多行文字

单击"确定"按钮，退出多行文字输入框。

退出"文字格式"输入框后，屏幕上的光标还是拾取框，用户可以继续点取要修改的文字进行修改。

修改文字，除了在"DDEDIT"命令中可以完成外，还可以在"特性"选项板中修改文字特性，具体操作将在第 9 章中详细介绍。

第6章 尺 寸 标 注

尺寸标注是工程图样的重要部分，图形只是表示形体的形状，而尺寸标注可以表示图形各部分的实际大小和相对位置。AutoCAD 提供了许多设置标注尺寸的方法。用户可以方便地创建符合国家制图标准的尺寸标注样式，满足建筑、机械等不同类型图纸的要求。

6.1 尺 寸 标 注 样 式

在 AutoCAD 中标注尺寸时，首先要设置符合国家制图标准的尺寸标注样式，然后再用尺寸标注命令标注尺寸。

尺寸标注的样式用于控制尺寸的外观形式，是一组尺寸参数，它控制尺寸的外观形式，如基线尺寸线之间的距离、尺寸线、尺寸界线、箭头、尺寸文本等参数，这些参数可以在对话框中直观地进行修改。

在执行尺寸标注命令时，系统能自动测量，精确标注。

6.1.1 标注样式管理器

通过以下三种方式输入命令：

● 下拉菜单："格式"→"标注样式"。
● 单击样式工具栏按钮"◢"。
● 键盘输入：DIMSTYLE。

输入命令后，弹出"标注样式管理器"对话框，如图 6.1 所示。

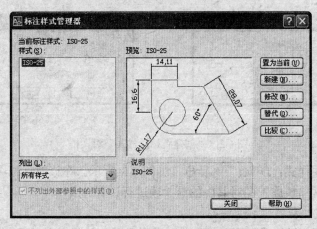

图 6.1 "标注样式管理器"对话框

（1）"样式"。在样式框内列出了图形文件中所有尺寸标注样式的名称。当前样式被亮显，要将某样式置为当前样式，请选择该样式并单击"置为当前"。在样式列表中单击鼠标右键可显示快捷菜单及选项，可用于设置当前标注样式、重命名样式和删除样式，但不能删除当前样式或当前图形使用的样式。

（2）"预览"。用图形显示当前的尺寸标注样式。

（3）"列出"。列出下拉列表框有两个选择：所有样式和正在使用的样式。若选择"正在使用的样式"，则"样式"框内只有当前一个尺寸标注样式。如果要查看图形中所有的标注样式，请选择"所有样式"。如果只要查看图形中标注当前使用的标注样式，请选择"正在使用的样式"。

（4）"说明"。用文字描述当前的尺寸标注样式。

（5）"置为当前"按钮。在"样式"下选定的标注样式设置为当前标注样式。当前样式将应用于所创建的标注。

（6）"新建"按钮。显示"创建新标注样式"对话框，从中可以定义新的标注样式。

（7）"修改"按钮。显示"修改标注样式"对话框，从中可以修改标注样式。对话框选项与"新建标注样式"对话框中的选项相同。

（8）"替代"按钮。显示"替代当前样式"对话框，从中可以设置标注样式的临时替代。对话框选项与"新建标注样式"对话框中的选项相同。替代将作为未保存的更改结果显示在"样式"列表中的标注样式下。

（9）"比较"按钮。显示"比较标注样式"对话框，从中可以比较两个标注样式或列出一个标注样式的所有特性。

下面以标注 1∶1 的图形为例，创建相应的尺寸标注样式。

6.1.2　创建尺寸标注样式

在图 6.1 对话框中，单击"新建"按钮，弹出"创建新标注样式"对话框，如图 6.2（a）所示，键入新样式名"DIM1"，在基础下拉列表框中选择"ISO－25"，在"用于"下拉列表框中选择"所有标注"，如图 6.2（b）所示。单击"继续"按钮。

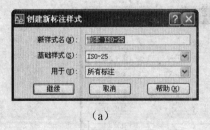 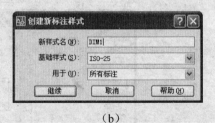

（a）　　　　　　　　　　　　　　　　（b）

图 6.2　"创建新标注样式"对话框

弹出"新建标注样式：DIM1"对话框，如图 6.3 所示。在该对话框中有 6 个标签，按照国家制图标准，通常建筑施工图对其中的前 5 项进行设置。

6.1.2.1　"直线"标签

"直线"标签设置尺寸线、尺寸界线、箭头和圆心标记的格式和特性，如图 6.4 所示该区可以控制尺寸线的几个特征。可以为尺寸线指定特定的颜色和线宽，可以控制连续尺寸线之间的间距，还可以控制尺寸线每一部分的可见性。对于角度标注，尺寸线不是直线而是一段圆弧。

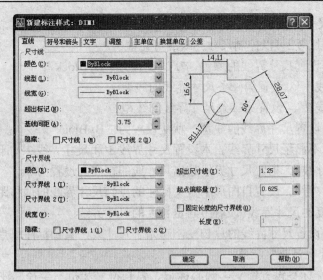

图 6.3 "新建标注样式：DIM1"对话框

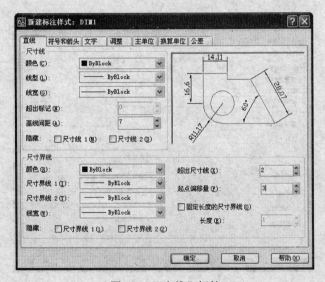

图 6.4 "直线"标签

1. "尺寸线"

（1）"颜色"。显示并设置尺寸线的颜色。默认设置为"ByBlock"。

（2）"线型"。设置尺寸线的线型。默认设置为"ByBlock"。

（3）"线宽"。设置尺寸线的线宽。默认设置为"ByBlock"。

（4）"超出标记"。当箭头使用倾斜、建筑标记、积分和无标记时，指定尺寸线超过尺寸界线的距离。

（5）"基线间距"。设置基线标注的尺寸线之间的距离，设置为 7。

（6）"隐藏"。不显示尺寸线。本设置尺寸线 1 和尺寸线 2 均不隐藏。

2. "尺寸界线"

该区可以控制尺寸界线特性，包括偏移距离是否可见。可以为尺寸界线指定特定的颜色和线宽，可以指定尺寸界线超出尺寸线的长度；可以控制尺寸界线到图形轮廓线的距离，即尺寸界线的起点偏移量；还可以控制尺寸界线的可见性。

（1）"颜色"。设置尺寸界线的颜色。默认设置为"ByBlock"。

（2）"尺寸界线1"。设置第一条尺寸界线的线型。

（3）"尺寸界线2"。设置第二条尺寸界线的线型。

（4）"线宽"。设置尺寸界线的线宽。默认设置为"ByBlock"。

（5）"隐藏"。不显示尺寸界线。本设置尺寸界线1和尺寸界线2均不隐藏。

（6）"超出尺寸线"。指定尺寸界线超出尺寸线的距离。设置为2。

（7）"起点偏移量"。设置自图形中定义标注的点到尺寸界线的偏移距离，设置为3。

（8）"固定长度的尺寸界线"。启用固定长度的尺寸界线。

（9）"长度"。设置尺寸界线的总长度，起始于尺寸线，直到标注原点。

6.1.2.2　"符号和箭头"标签

"符号和箭头"标签设置箭头、圆心标记、弧长符号和折弯半径标注的格式和位置，如图6.5所示。

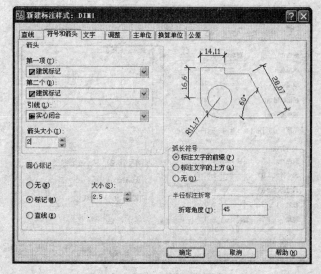

图6.5　"符号和箭头"标签

1. "箭头"

箭头是终止符号，画在尺寸线的两端，控制每一端箭头的尺寸。可以为箭头指定不同的形状和大小。箭头的次序取决于尺寸界线的次序，第一条尺寸界线位于创建标注时指定第一条尺寸界线的原点。对于角度标注，第二条尺寸界线从第一条尺寸界线按逆时针方向旋转。引线只使用第一个箭头。箭头可以相同，也可以不同。AutoCAD 提供的标准类型箭头在下拉列表框内，用户也可以创建自定义箭头。

（1）"第一项"。设置第一条尺寸线的箭头。当改变第一个箭头的类型时，第二个箭头将自动改变以同第一个箭头相匹配。本设置为建筑标记。

（2）"第二个"。设置第二条尺寸线的箭头。第一个设置为建筑标记后，第二个将自动变为建筑标记。

（3）"引线"。设置引线箭头。本设置为实心闭合。

（4）"箭头大小"。显示和设置箭头的大小。本设置为 2。

2. "圆心标记"

控制直径标注和半径标注的圆心标记和中心线的外观。

（1）"无"。不创建圆心标记或中心线。

（2）"标记"。创建圆心标记。

（3）"直线"。创建中心线。

（4）"大小"。显示和设置圆心标记或中心线的大小。本设置为 2.5。

3. "弧长符号"

控制弧长标注中圆弧符号的显示。

（1）"标注文字的前缀"。将弧长符号放置在标注文字之前。

（2）"标注文字的上方"。将弧长符号放置在标注文字的上方。

（3）"无"。隐藏弧长符号。

4. "半径标注折弯"

控制折弯（Z 字形）半径标注的显示。

"折弯角度"：确定折弯半径标注中，尺寸线的横向线段的角度。

在各个标签的设置过程中，对话框右上方的预览区内将动态显示该尺寸标注样式的更改效果。

6.1.2.3　"文字"标签

该区控制文字的样式、文字的颜色、文字的高度和是否绘制文字的边框等，如图 6.6 所示。

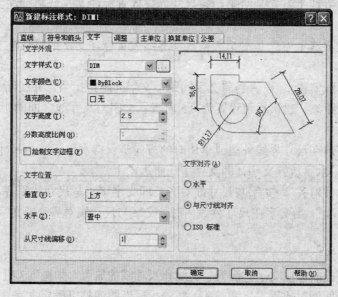

图 6.6　"文字"标签

1. 文字外观

（1）"文字样式"。显示和设置当前标注文字样式。从列表中选择一种样式，若要创建和修改标注文字样式，请选择列表旁边的"..."按钮。本设置选择数字样式"DIM"。

（2）"文字颜色"。设置标注文字的颜色。

（3）"填充颜色"。设置标注中文字背景的颜色。

（4）"文字高度"。设置当前标注文字样式的高度。本设置在文本框中输入 2.5。如果在"文字样式"中将文字高度设置为固定值（文字样式高度大于 0），则该高度将替代此处设置的文字高度。如果要使用在"文字"选项卡上设置的高度，请确保"文字样式"中的文字高度设置为 0。

（5）"分数高度比例"。设置相对于标注文字的分数比例。仅当在"主单位"选项卡上选择"分数"作为"单位格式"时，此选项才可用。在此处输入的值乘以文字高度，可确定标注分数相对于标注文字的高度。

（6）"绘制文字边框"。如果选择此选项，将在标注文字周围绘制一个边框。

2．"文字位置"

控制文字书写的具体位置以及是否从尺寸线偏移。

（1）"垂直"。控制标注文字相对尺寸线的垂直位置。置中表示将标注文字写在尺寸线的中间。上方表示文字写在尺寸线的上面。外部是将标注文字写在尺寸线上远离第一个定义点的一边。JIS 是按照日本工业标准（JIS）放置标注文字。

（2）"水平"。控制标注文字在尺寸线上相对于尺寸线的水平位置。

"置中"表示文字写在两条尺寸界线的中间。

"第一条尺寸界线"表示沿尺寸线与第一条尺寸界线左对正，尺寸界线与标注文字的距离是箭头大小加上文字间距之和的两倍。

"第二条尺寸界线"表示沿尺寸线与第二条尺寸界线右对正。

"第一条尺寸界线上方"是沿第一条尺寸界线放置标注文字或将标注文字放在第一条尺寸界线之上。

"第二条尺寸界线上方"是沿第二条尺寸界线放置标注文字或将标注文字放在第二条尺寸界线之上。

（3）"从尺寸线偏移"。设置当前文字间距，文字间距是指当尺寸线断开以容纳标注文字时标注文字周围的距离。建筑标记设置为 0.5 时表示文字与尺寸线之间的距离为 0.5mm。

3．"文字对齐"

控制标注文字放在尺寸界线外边或里边时的方向是保持水平还是与尺寸界线平行。

（1）"水平"。水平放置文字，即文字字头永远向上。

（2）"与尺寸线对齐"。文字与尺寸线对齐，即文字字头与尺寸线平齐。

（3）"ISO 标准"。当文字在尺寸界线内时，文字与尺寸线对齐。当文字在尺寸界线外时，文字水平排列。

6.1.2.4　"调整"标签

"调整"标签控制标注文字、箭头、引线和尺寸线的放置，如图 6.7 所示。如果尺寸界线之间没有足够的空间同时放置文字和箭头，要进行适当的调整以确定文字、箭头、尺寸界线的注写方式和是否要加引线等。

1．"调整选项"

（1）"文字或箭头（最佳效果）"。当尺寸界线之间没有足够的空间同时放置文字和箭头时，系统自动选择最佳效果放置，该项为默认设置。

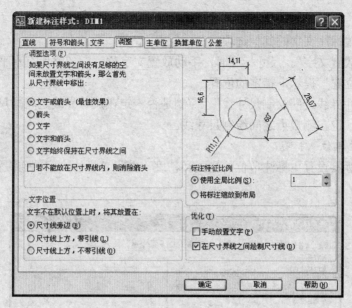

图 6.7 "调整"标签

（2）"箭头"。当尺寸界线之间不能同时放置文字和箭头时，首先将箭头移动到尺寸界线外，然后移动文字。

（3）"文字"。当尺寸界线之间不能同时放置文字和箭头时，首先将文字移动到尺寸界线外，然后移动箭头。

（4）"文字和箭头"。当尺寸界线之间不能同时放置文字和箭头时，将文字和箭头都移到尺寸界线外。

（5）"文字始终保持在尺寸界线之间"。在任何情况下，文字始终放在尺寸界线之间。

（6）"若不能放在尺寸界线内，则消除箭头"。该复选框表示如果尺寸界线内没有足够的空间，则隐藏箭头。

2. "文字位置"

设置标注文字从默认位置（由标注样式定义的位置）移动时标注文字的位置。

（1）"尺寸线旁边"。当文字不在默认位置时，文字放置在尺寸线的旁边。如果选定，只要移动标注文字尺寸线就会随之移动。

（2）"尺寸线上方，带引线"。当文字不在默认位置时，文字放置在尺寸线的上方，并且带引线引出。

（3）"尺寸线上方，不带引线"。当文字不在默认位置时，文字直接放在尺寸线上方，不带引出线。

3. "标注特征比例"

（1）"使用全局比例"。为所有标注样式设置一个比例，这些设置指定了大小、距离或间距，包括文字和箭头大小，它对尺寸标注样式中的所有要素都有影响，即都会乘以该比例系数，但它不影响尺寸标注的测量值。

（2）"将标注缩放到布局"。根据当前模型空间视口和图纸空间之间的比例确定比例因子。

4. 优化

提供用于放置标注文字的其他选项。

（1）"手动放置文字"。尺寸标注时，手动放置文字位置，忽略所有水平对正设置并把文字放在"尺寸线位置"提示下指定的位置。

（2）"在尺寸界线之间绘制尺寸线"。控制是否一定在尺寸界线之间画尺寸线，即使箭头放在测量点之外，也在测量点之间绘制尺寸线。

6.1.2.5 "主单位"标签

"主单位"标签设置主标注单位的格式和精度，并设置标注文字的前缀和后缀，如图 6.8 所示。

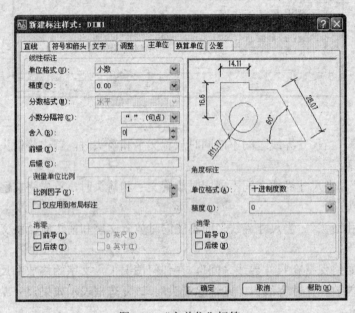

图 6.8 "主单位"标签

1. "线性标注"

设置线性标注的格式和精度。

（1）"单位格式"。设置除角度之外的所有标注类型的当前单位格式。默认设置为小数。

（2）"精度"。显示和设置标注文字时的小数点后保留的位数。

（3）"分数格式"。设置分数格式。

（4）"小数分隔符"。设置用于十进制格式的分隔符，小数点分隔符默认设置为句点。

（5）"舍入"。为除"角度"之外的所有标注类型设置标注测量值的舍入规则。小数点后显示的位数取决于"精度"设置。

（6）"前缀"。在标注文字中加上前缀。可以输入文字或使用控制代码显示特殊符号，如在标注文字时输入控制代码"%%c"显示直径符号。

（7）"后缀"。在标注文字中加上后缀。可以输入文字或使用控制代码显示特殊符号，如在标注文字中输入长度单位"mm"。

2. "测量单位比例"

定义线性比例。

（1）"比例因子"。比例因子设定了除角度外的所有标注测量值的比例因子。如设定比例因子为 20，则 AutoCAD 标注尺寸时，自动将测量值乘上 20 标注。

（2）"仅应用到布局标注"。控制把比例因子用于布局中的尺寸。

3. "消零"

（1）"前导"。控制小数点前面的 0 是否显示。

（2）"后续"。控制小数点后面的 0 是否显示。

4. "角度标注"

显示和设置角度标注的当前角度格式。

（1）"单位格式"。设置角度尺寸单位格式，缺省设置为十进制度数。

（2）"精度"。设置标注角度时的小数点后保留的位数。

5. "消零"

（1）"前导"。标注角度时，控制小数点前面的 0 是否显示。

（2）"后续"。标注角度时，控制小数点后面的 0 是否显示。

完成"尺寸标注样式 DIM1"的设置后，单击"确定"按钮，返回"标注样式管理器"，如图 6.9 所示。在样式列表框中，增加了所设置的 DIM1 样式。

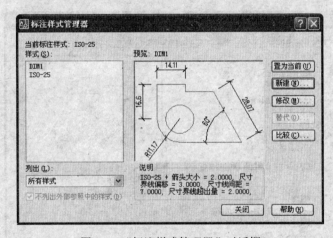

图 6.9　"标注样式管理器"对话框

6.1.3　创建 DIM1 样式的子样式

1. 半径标注

在图 6.9"标注样式管理器"对话框中，将"样式"选为"DIM1"，单击"置为当前"按钮，此时再新建的样式就以该样式为基础样式。

单击"新建"按钮，弹出"创建新标注样式"对话框，在"用于"下拉列表框中选择"半径标注"，如图 6.10 所示。单击"继续"按钮。弹出"新建标注样式：DIM1：半径"对话框，图 6.11 所示。

新建的半径标注"DIM1：半径"样式在"DIM1"样式的基础上，仅作如下修改：

（1）在"符号和箭头"标签内，修改。第二个：实心闭合；箭头大小：3.5。

（2）在"调整"标签内，选择。调整选项：选择"文字"。

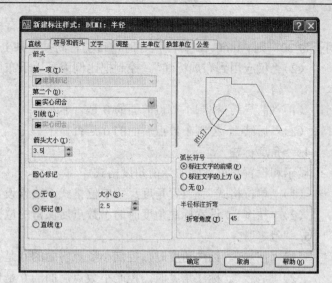

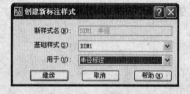

图 6.10　创建半径标注样式　　　　　图 6.11　"新建标注样式：DIM1：半径"对话框

（3）其他内容以基础样式为准。如图 6.12 所示。

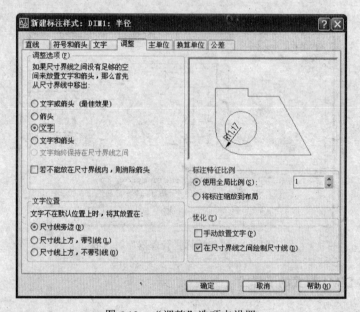

图 6.12　"调整"选项卡设置

完成"尺寸标注样式 DIM1：半径"的设置后，单击"确定"按钮，返回"标注样式管理器"对话框，如图 6.13 所示。在样式列表框中，增加了所设置的"DIM1∟半径"样式。

2．直径标注

单击"新建"按钮，在"用于"下拉列表框中选择"直径标注"，单击"继续"按钮，弹出"新建标注样式：DIM1：直径"对话框。

（1）在"符号和箭头"标签栏内，修改。"第一项"：实心闭合；"第二个"：实心闭合（自动更改）；"箭头大小"：3.5。

（2）在"调整"标签栏内，选择。调整选项：选择"文字"。

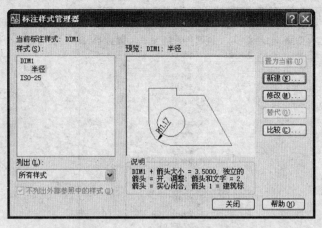

图 6.13 新增"DIM1∟半径"标注样式

（3）其他内容以基础样式为准。

完成设置后，单击"确定"按钮，返回"标注样式管理器"对话框。

3. 角度标注

单击"新建"按钮，在"用于"下拉列表框中选择"角度标注"，单击"继续"按钮，弹出"新建标注样式：DIM1：角度"对话框。

（1）在"符号和箭头"标签栏内，修改。"第一项"：实心闭合；"第二个"：实心闭合（自动更改）；"箭头大小"：3.5。

（2）在"文字"标签栏内，修改。"文字位置"：垂直→外部，水平→置中；"文字对齐"：水平。

（3）在"调整"标签栏内，修改。"文字位置"：尺寸线上方，带引线。

（4）其他内容以基础样式为准。完成设置后，单击"确定"按钮，返回"标注样式管理器"对话框。

4. 引线标注

单击"新建"按钮，在"用于"下拉列表框中选择"引线和公差"，单击"继续"按钮，弹出"新建标注样式：DIM1：引线"对话框。

（1）在"符号和箭头"标签栏内，修改。"引线"：小点；"箭头大小"：1。

（2）在"文字"标签栏内，修改。"文字样式"：HZ。

完成"尺寸标注样式 DIM1：引线"的设置后，单击"确定"按钮，返回"标注样式管理器"对话框。

最后单击"关闭"按钮，返回 AutoCAD 工作界面，用户就可以按所设置的样式进行尺寸标注。

6.2 尺 寸 标 注 命 令

AutoCAD 提供了多种标注尺寸的命令，如线性、对齐、坐标、半径、直径、角度的标注，进行快速、基线、连续标注，快速引线、公差和圆心标记。用户可根据需要进行选择。尺寸标注的命令在下拉菜单"标注"中，如图 6.14 所示。也设置在"标注"工具栏上，如图 6.15 所示。

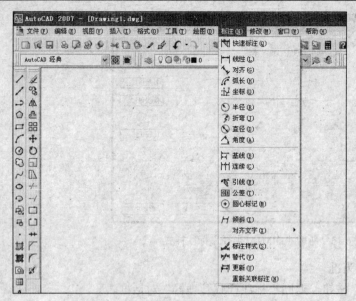

图 6.14   下拉菜单中的标注命令   图 6.15   "标注"工具栏

AutoCAD 的尺寸标注是半自动的，系统会按图形的测量值和用户指定的尺寸标注样式进行标注。

在尺寸标注前，首先为尺寸标注创建一个新的图层，如"标注"，将"标注"层置为当前图层，再选择尺寸标注的样式。然后打开"对象捕捉"开关，这样用户就可以方便、快捷地拾取到要标注对象的捕捉点，在相应的图层进行标注。

下面就介绍几个常用的命令。

6.2.1   线性

1. 功能

线性尺寸是指两点之间的水平和垂直距离尺寸，线性标注尺寸线可以水平或垂直放置。

2. 输入命令

通过以下三种方式输入命令：

● 下拉菜单："标注" → "线性"。

● 单击标注工具栏按钮"⊢┤"。

键盘键入：DIMLINEAR。

3. 命令行操作及说明

命令：DIMLINEAR↙

指定第一条尺寸界线原点或 <选择对象>: 拾取点 A

指定第二条尺寸界线原点: 拾取点 B

指定尺寸线位置或[多行文字(M)/文字(T)/角度(A)/水平(H)/垂直(V)/旋转(R)]: 拾取点 1

标注文字 =30（自动测量值，直线 AB=30mm）

第一条尺寸界线原点：用户指定第一条尺寸界线的原点之后，将提示指定第二条尺寸界线的原点。

尺寸线位置：AutoCAD 要求用户指定尺寸线的位置，并且确定绘制尺寸界线的方向。指定位置之后，尺寸标注将显示在屏幕上。

如图 6.15（a）所示，各选项含义如下：

（1）多行文字(M)。显示在位文字编辑器，可用它来编辑标注文字。可在生成的测量值前后加入前缀或后缀。若要编辑或替换生成的测量值，请删除文字，输入新文字，然后单击"确定"按钮。

（2）文字(T)。在命令行自定义标注文字。自动测量值显示在尖括号中，用户输入标注的文字，并按 Enter 键接受输入的测量值。用户若改变了尖括号中的文字，则当图形放大或缩小后，尺寸文字仍为用户的输入值，不随图形大小的改变而改变。

（3）角度(A)。修改标注文字的角度，由用户输入标注文字的角度。

（4）水平(H)。创建水平线性标注。

（5）垂直(V)。创建垂直线性标注。

（6）旋转(R)。创建旋转线性标注。

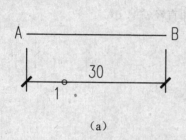

（a）

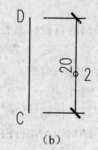

（b）

图 6.15　线性标注

命令: DIMLINEAR↙
指定第一条尺寸界线原点或 <选择对象>: 拾取点 C
指定第二条尺寸界线原点: 拾取点 D
指定尺寸线位置或[多行文字(M)/文字(T)/角度(A)/水平(H)/垂直(V)/旋转(R)]: 拾取点 2
标注文字 =20（自动测量值，直线 CD=20mm）

如图 6.15（b）所示，按照《房屋建筑制图统一标准》（GB/T 5000—2001）的规定，靠近图样轮廓线的尺寸线，到最外轮廓线的距离，不宜小于 10mm，因此，图 6.15 中点 1 到直线 AB 的垂直距离、点 2 到直线 DE 的垂直距离均应大于等于 10mm。

6.2.2　半径

1. 功能
测量选定圆弧和圆的半径，半径标注自动增加半径符号 R。

2. 输入命令
通过以下三种方式输入命令：

● 下拉菜单："标注" → "半径"。

● 单击标注工具栏按钮 "⊙"。

● 键盘键入：DIMRADIUS。

3. 命令行操作及说明
命令: DIMRADIUS↙

　　　选择圆弧或圆: 拾取点 A （在圆弧上任意位置拾取一点）

　　　标注文字 =10（自动测量值，圆的半径等于 10mm）

　　　指定尺寸线位置或 [多行文字(M)/文字(T)/角度(A)]: 拾取点 1

如图 6.16 所示，各选项含义如下：

（1）尺寸线位置。确定尺寸线的角度和标注文字的位置。

（2）多行文字(M)。显示在位文字编辑器，可用它来编辑标注文字。若要添加前缀或后缀，可在生成的测量值前后输入前缀或后缀。

（3）文字(T)。在命令行自定义标注文字。

（4）角度(A)。修改标注文字的角度。

拾取点 1 的位置不同，"R10" 的书写位置和角度就不同。

6.2.3　直径

1．功能

测量选定圆弧和圆的直径，直径标注自动增加直径符号 Φ。

2．输入命令

通过以下三种方式输入命令：

● 　下拉菜单："标注" → "直径"。

● 　单击标注工具栏按钮 " ⊘ "。

● 　键盘键入：DIMDIAMETER。

3．命令行操作

　　　命令: DIMDIAMETER↙

　　　选择圆弧或圆: 拾取点 B （在圆弧上任意位置拾取一点）

　　　标注文字 =20（自动测量值，圆的直径等于 20mm）

　　　指定尺寸线位置或 [多行文字(M)/文字(T)/角度(A)]: 拾取点 2

如图 6.17 所示。

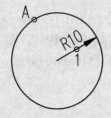 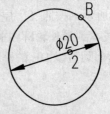

图 6.16　半径标注　　　　　　　　　　图 6.17　直径标注

6.2.4　角度标注

1．功能

角度标注标注两条直线之间的角度，用户可以在尺寸界线指定的最小角和最大角之间进行选择标注。

2．输入命令

通过以下三种方式输入命令：

- 下拉菜单："标注"→"角度"。
- 单击标注工具栏按钮"△"。
- 键盘键入：DIMANGULAR。

3. 命令行操作及说明

　　命令: DIMANGULAR↙

　　选择圆弧、圆、直线或 <指定顶点>: 拾取点 A　（在直线上任意位置拾取一点）

　　选择第二条直线: 拾取点 B　（在直线上任意位置拾取一点）

　　指定标注弧线位置或 [多行文字(M)/文字(T)/角度(A)]: 拾取点 1

　　标注文字 =43（自动测量值，A、B 直线的夹角等于 43°）

各选项含义如下：

　　（1）选择圆弧。使用选定圆弧上的点作为三点角度标注的定义点。圆弧的圆心是角度的顶点。圆弧端点成为尺寸界线的原点。

　　（2）选择圆。将选择点 1 作为第一条尺寸界线的原点。圆的圆心是角度的顶点。第二个角度顶点是第二条尺寸界线的原点，且无需位于圆上。

　　（3）选择直线。用两条直线定义角度。

如图 6.18 所示为标注两条直线之间的角度。

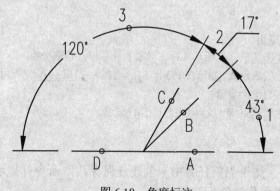

图 6.18　角度标注

6.2.5　连续标注

1. 功能

连续标注是标注首尾相连的多个尺寸，即上一个尺寸标注的第二条尺寸界线作为下一个尺寸标注的第一条尺寸界线，以此类推，形成一条尺寸链，如图 6.19 所示。

2. 输入命令

通过以下三种方式输入命令：

- 下拉菜单："标注"→"连续"。
- 单击标注工具栏按钮"╟╢"。
- 键盘键入：DIMCONTINUE。

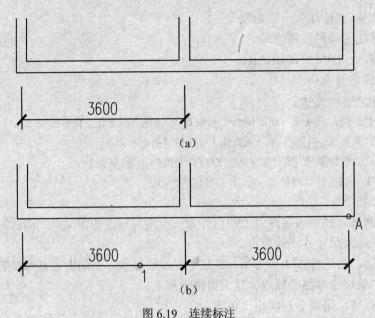

图 6.19   连续标注

（a）连续标注前；（b）连续标注后

3. 命令行操作及说明

    命令: <u>DIMCONTINUE</u>

    选择连续标注: <u>拾取点 1</u>   （在源尺寸标注对象上任意位置拾取一点）

    指定第二条尺寸界线原点或 [放弃(U)/选择(S)] <选择>: <u>拾取点 A</u>   （尺寸标注的另一个端点）

    标注文字 =3600（自动测量值）

    指定第二条尺寸界线原点或 [放弃(U)/选择(S)] <选择>: <u>↙</u>

    选择连续标注: <u>↙</u>

各选项含义如下:

  （1）选择连续标注。如果当前任务中未创建任何标注，命令行提示用户选择线性标注、坐标标注或角度标注，以用作连续标注的基准。

  （2）第二条尺寸界线原点。使用连续标注的第二条尺寸界线原点作为下一个标注的第一条尺寸界线原点。选择连续标注后，将再次显示"指定第二条尺寸界线原点"的提示。

  （3）放弃(U)。放弃在命令任务期间上一次输入的连续标注。

  （4）选择(S)。选择第一条尺寸界线原点。

6.2.6   基线标注

1. 功能

基线标注是标注多个平行的尺寸，它以初始尺寸标注的第一条尺寸界线为公共尺寸界线，对指定的各点进行与初始尺寸标注类型相同的尺寸标注，各个尺寸线之间的间距由尺寸标注样式设置。如图 6.20 所示。

2. 输入命令

通过以下三种方式输入命令:

●   下拉菜单："标注" → "基线"。

● 单击标注工具栏按钮"⊨"。
● 键盘键入：DIMBASELINE。
3. 命令行操作

　　命令: DIMBASELINE

　　指定第二条尺寸界线原点或 [放弃(U)/选择(S)] <选择>: S✓

　　选择基准标注: 拾取点 1 （选择第一条公共尺寸界线）

　　指定第二条尺寸界线原点或 [放弃(U)/选择(S)] <选择>: 拾取点 A （尺寸标注的另一个端点）

　　标注文字 −7200（自动测量值）

　　指定第二条尺寸界线原点或 [放弃(U)/选择(S)] <选择>: ✓

　　选择基准标注: ✓

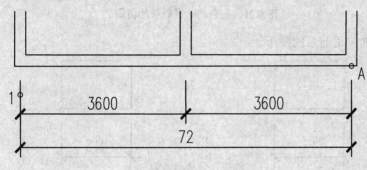

图 6.20　基线标注

　　连续标注和基线标注都是从上一个尺寸界线处测量的，"选择(S)"，就是要用户指定另一个尺寸标注的界线作为原点。

6.3 尺 寸 标 注 编 辑

　　为了使尺寸标注符合《房屋建筑制图统一标准》（GB/T 5000—2001）的要求，在尺寸标注完成后，有时需要对尺寸的格式、位置、角度、数值文字等进行修改。下面分别按照不同的需求，介绍尺寸的编辑方法。

6.3.1　在尺寸文字前加前缀或更改尺寸文字

1. 输入命令

通过以下三种方式输入命令：

● 下拉菜单："修改" → "对象" → "文字" → "编辑"。
● 单击标注工具栏按钮"▲"。
● 键盘键入：DIMEDIT。
2. 命令行提示及说明

　　命令: DIMEDIT✓

　　输入标注编辑类型 [默认(H)/新建(N)/旋转(R)/倾斜(O)] <默认>: N✓（修改尺寸文字）

　　弹出"文字格式"输入框，多行文字输入框中的"<>"表示自动测量值，在"<>"前键入前缀"%%C"，如图 6.21 所示，单击"确定"按钮，此时屏幕返回工作界面，拾取对象后，系统提示：

    选择对象: 找到 1 个

    选择对象: ↙

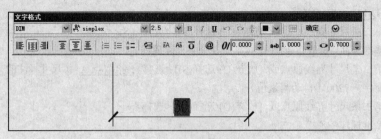

图 6.21   在自动测量值前加前缀

图 6.22 为增加前缀前后的图形。

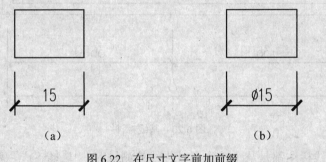

图 6.22   在尺寸文字前加前缀

    （a）修改前   （b）修改后

选项含义如下：

（1）默认(H)。将旋转标注文字移回默认位置。

（2）新建(N)。使用在位文字编辑器更改标注文字。尖括号"< >"内为自动生成的测量值，若要给生成的测量值添加前缀或后缀，可在尖括号前后输入前缀或后缀。如果要更改尺寸文字，编辑或替换生成的测量值，就删除尖括号，用新的尺寸文字来代替对话框中的"＜＞"，输入新的标注文字，但从键盘键入的尺寸文字不再是自动测量值，如执行缩放命令时，键入的尺寸文字不再随图形的大小而改变。

（3）旋转(R)。旋转标注文字。

6.3.2   调整尺寸界线的倾斜角度

1. 输入命令

通过以下两种方式输入命令：

●   单击标注工具栏按钮" A "。

●   键盘键入：DIMEDIT。

2. 命令行提示及说明

    命令: DIMEDIT↙

    输入标注编辑类型 [默认(H)/新建(N)/旋转(R)/倾斜(O)] <默认>: O↙ （修改尺寸文字倾斜角度）

    选择对象: 找到 1 个

选择对象: ↙

输入倾斜角度 (按 ENTER 表示无): -45↙

如图 6.23 所示，尺寸界线的倾斜角度为 45°。

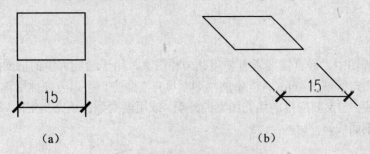

图 6.23 调整尺寸界线的倾斜角度

（a）倾斜前；（b）倾斜后

选项"倾斜(O)"的含义是，调整线性标注尺寸界线的倾斜角度。

创建线性标注，其尺寸界线与尺寸线方向垂直，当尺寸界线与图形的其他部件冲突时，"倾斜"选项将很有用处。

6.3.3 移动尺寸文字的位置

1. 输入命令

通过以下两种方式输入命令：

● 单击标注工具栏按钮"￼"。

● 键盘键入：DIMTEDIT。

2. 命令行提示

命令: DIMTEDIT↙

选择标注: 单击尺寸文字 15

指定标注文字的新位置或 [左(L)/右(R)/中心(C)/默认(H)/角度(A)]: L↙ （将尺寸文字移到尺寸线的左边）

如图 6.24 所示，尺寸文字移到了尺寸线的左边，避免了与轴线重叠。

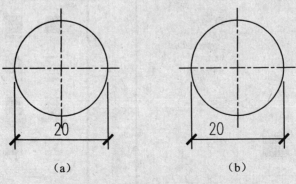

（a）   （b）

图 6.24 移动尺寸文字的位置

第 7 章 图 案 填 充

在绘制工程图中，经常需要重复使用某一种图案，用于绘制大量的剖面线，来填充剖面图或断面图的指定区域，AutoCAD 中的"图案填充"命令，可以方便地用选定的图案绘制不同材料的剖面线，定义要应用的填充图案的外观，或用渐变颜色填充指定区域，还可以编辑和修改已绘制的剖面线。

7.1 图 案 填 充 的 命 令

通过以下三种方式输入命令：

- 下拉菜单："绘图"→"图案填充"。
- 单击绘图工具栏按钮"⊞"。
- 键盘键入：BHATCH。

输入命令后，弹出"边界图案填充"对话框，如图 7.1 所示。其包含了图案填充、渐变色两个选项卡。

7.1.1 图案填充

"图案填充选项板"如图 7.2 所示。

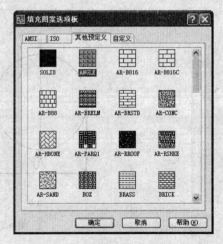

图 7.1 "边界图案填充"对话框   图 7.2 "填充图案选项板"

1. "类型和图案"

（1）"类型"。可以使用预定义的填充图案，用户定义的图案基于图形中的当前线型，自定义图案是在任何自定义 PAT 文件中定义的图案，这些文件已添加到搜索路径中。

（2）"图案"。提供了实体填充和多个可以表现泥土、砖、地板等材质的填充图案。

（3）"..."按钮。显示"填充图案选项板"对话框，从中可以同时查看所有预定义图案的预览图像，若用户不熟悉图案的名称，可单击"..."按钮，AutoCAD 随即弹出"填充图案选项板"对话框，如图 7.2 所示，该对话框分为"ANSI"、"ISO"、"其他预定义"和"自定义"四个选项卡，用户可从中选择所需的图案，单击"确定"按钮，返回"图案填充"对话框，此时在"样例"栏内，同时显示所选择的图案样例。

（4）"样例"。显示选定图案的预览图像。

（5）"自定义图案"。列出可用的自定义图案，6 个最近使用的自定义图案将出现在列表顶部，只有在"类型"中选择了"自定义"，此选项才可用。可以控制任何图案的角度和比例。用户也可以创建自己的填充图案。

2. "角度和比例"

指定选定填充图案的角度和比例。

（1）"角度"。指定填充图案的角度。

（2）"比例"。放大或缩小预定义或自定义图案的大小比例。

选择不同的角度或比例，填充的图案也不同，图 7.3 画出了不同比例与角度的图例对比样例。

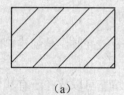 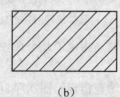 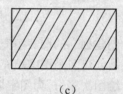

（a）   （b）   （c）

图 7.3   不同比例与角度的图案对比

（a）比例=1、角度=0；（b）比例=0.5、角度=0；（c）比例=0.5、角度=15

3. "图案填充原点"

（1）使用当前原点。使用存储在"HPORIGINMODE"系统变量中的设置。默认情况下，原点设置为 0,0。

（2）指定的原点。指定新的图案填充原点。

4. "边界"

图案填充的边界有两种方法可以指定，填充图案的边界如果是封闭的，用"添加：拾取点"按钮来指定，如果不是封闭的，则用"添加：选择对象"来指定边界。

（1）"添加：拾取点"。单击此按钮，屏幕转到图形窗口，用户用十字光标在所需填充的封闭范围内任取一点，AutoCAD 将以虚线显示填充范围，如果填充的范围有多处地方，则需要一一点取。如果打开了"孤岛检测"，最外层边界内的封闭区域对象将被检测为孤岛。此选项检测对象的方式取决于在对话框的"其他选项"区域中选择的孤岛检测方法。

（2）"添加：选择对象"。单击此按钮，屏幕转到图形窗口，用户根据构成封闭区域的选定对象确定边界，对话框暂时关闭，系统将会提示选择对象。

5. "选项"

控制几个常用的图案填充或填充选项。

（1）"关联"。控制图案填充或填充的关联。关联的图案填充在用户修改其边界时将会随之更新。关联方式绘制的图案可方便地使用"编辑图案填充"命令来修改图案，如在关联状态下使用"拉伸"命令拉伸图形时，图案的边界也会随着图形的拉伸而变形。因此，选择关联，可以控制填充的图案随边界的更改而自动调整，如图 7.4 所示。

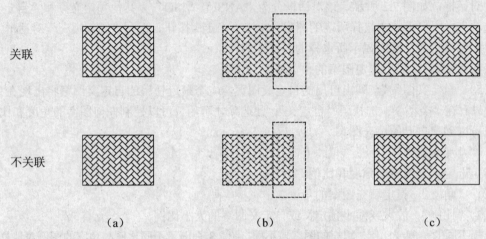

图 7.4　关联与不关联时拉伸的图形

（a）拉伸前；（b）选择拉伸对象；（c）拉伸后

（2）"创建独立的图案填充"。控制当指定了几个单独的闭合边界时，是创建单个图案填充对象，还是创建多个图案填充对象。

（3）"绘图次序"。为图案填充或填充指定绘图次序。图案填充可以放在所有其他对象之后、所有其他对象之前、图案填充边界之后或图案填充边界之前。

6. "继承特性"

使用选定图案填充对象的图案填充或填充特性对指定的边界进行图案填充或填充。在选定图案填充要继承其特性的图案填充对象之后，可以在绘图区域中单击鼠标右键，并使用快捷菜单在"选择对象"和"拾取内部点"选项之间进行切换以创建边界。

7. "预览"按钮

用于填充的图案是预设的，在绘图过程中，图案的大小比例可能会不符合用户的要求，因此，在按"确定"前，应先按"预览"按钮观看一下，如果不满意，可按 Esc 键返回到"边界图案填充"对话框，进行比例和角度的调整。当预览效果满意后，单击"确定"按钮，完成图案的填充。

图 7.5　填充有文字的区域

如果图案填充线遇到文字、尺寸标注等实体时，AutoCAD 将自动填充这些对象的周围区域，不会覆盖文字，以确保文字的清晰易读，如图 7.5 所示。

7.1.2　其他选项

其他选项是指控制孤岛和边界的操作。

　　鼠标单击图 7.1"边界图案填充"对话框右下角的">"按钮，即弹出如图 7.6 所示"图案填充"选项卡中的孤岛区。

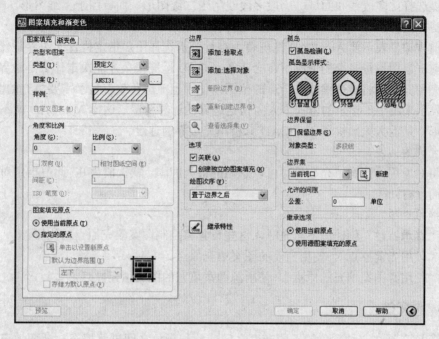

图 7.6　　"图案填充"选项卡中的孤岛区

1. "孤岛检测"

　　孤岛就是位于填充区域内的封闭区域。当图案填充有内部嵌套时，就要确定内部对象是否作为填充的边界，即是否被看作是孤岛。

　　孤岛显示样式有三种，如图 7.7 所示。

　　（1）"普通"。在绘制填充图案时，由外部边界向里填充，如果碰到内部孤岛则断开填充直到碰到另一个内部孤岛才再次填充。

　　（2）"外部"。只在最外层区域内进行图案填充，内部保留空白。

　　（3）"忽略"。忽略所有内部对象，填充最外层边界中包含的整个区域。

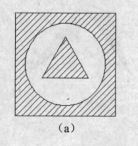　　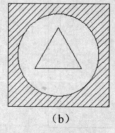　　

（a）　　　　　　　　　　（b）　　　　　　　　　　（c）

图 7.7　孤岛样式

（a）普通；（b）外部；（c）忽略

2. "边界保留"

　　指定是否将边界保留为对象，并确定应用于这些对象的对象类型。

（1）"保留边界"。根据临时图案填充边界创建边界对象，并将它们添加到图形中。

（2）"对象类型"。确定填充边界所用的类型。如果选择"保留边界"复选框，则有两种边界线可供选择：多段线和面域，一般多段线用于二维图形，面域用于三维图形。

3. "边界集"

"当前视口"表示要 AutoCAD 在屏幕上自行分析选择用户指定位置的边界是什么。这种方式在当前屏幕图形很复杂的情况下，会让 AutoCAD 运算很久才能决定什么是边界。因此，我们在填充图案时应将屏幕缩放在合适的范围，使得当前屏幕仅仅显示需要填充的图形。"新建"按钮表示采用手工指定的方式来人为指定边界的计算范围。这样 AutoCAD 就不需要分析所有的图形，从而大大加快了 AutoCAD 分析填充边界的速度。

4. "允许的间隙"

设置将对象用作图案填充边界时可以忽略的最大间隙。默认值为 0，此值指定对象必须是封闭区域而没有间隙。

5. "继承选项"

使用"继承特性"创建图案填充时，这些设置将控制图案填充原点的位置。

（1）"使用当前原点"。使用当前的图案填充原点。

（2）"使用源图案填充的原点"。使用源图案填充的图案填充原点。

7.1.3 渐变色

渐变色填充是在一种颜色的不同灰度之间或两种颜色之间过渡填充。渐变填充可用于增强演示图形的效果，使其呈现光在对象上的反射效果，也可以用作徽标中的有趣背景，如图 7.8 所示为五角星作渐变色的填充。

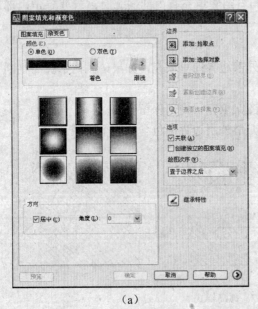

（a） （b）

图 7.8 渐变色的填充

1. "颜色"

（1）"单色"。从较深着色到较浅色调平滑过渡的单色填充。选择"单色"时，下方就会显示不同形状单色过渡的颜色样本，AutoCAD 提供了 9 种渐变填充的固定图案，包括线性扫掠状、球状和抛物面状等。

（2）"双色"。由两种颜色组成的渐变色。

2. "方向"

渐变色的角度：

（1）"居中"。渐变色对称设置。如果没有选定此选项，渐变填充将朝左上方变化，创建光源在对象左边的图案。

（2）"角度"。渐变填充的角度，此选项与指定给图案填允的角度互不影响。

3. 其他选项

其他选项与"图案填充"选项卡相同。

7.2 图 案 填 充 编 辑

图案填充编辑命令可以编辑和修改已绘制的填充图案。

通过以下两种方式输入命令：

- 下拉菜单："修改"→"对象"→"图案填充"。
- 键盘键入：HATCHEDIT。

命令执行后，系统提示如下：

命令: HATCHEDIT↙

选择关联填充对象: 选择要编辑的图案

拾取要修改填充图案的中的任一点，弹出"图案填充编辑"对话框，该对话框与"边界图案填充"对话框基本一样，如图 7.9 所示，只是在编辑图案时，其中的某些选项无效。

图 7.9 "图案填充编辑"对话框

图 7.10 为修改了比例的不同图案。

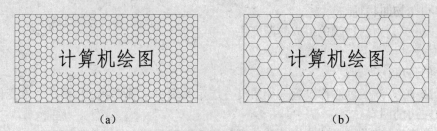

（a）　　　　　　　　　　　　　　　　（b）

图 7.10　修改填充图案
（a）比例=1；（b）比例=2

若将"填充图案"分解，则分解后"填充图案"将变成独立的单个实体。

第 8 章 图   块

我们在绘图的过程中，常常会遇到一些相同或相近的图形，在同一张图纸的多处出现，或者在不同的图纸中反复出现。如房屋建筑设计中的门、窗、标高符号，机械设计中的螺栓、螺母，水工设计中的示坡线、高程符号等，在手工绘图时，我们一遍一遍地画，既费时又费力，而且效率低下。但现在使用 AutoCAD 绘图，情况就完全不一样了，我们可以将这些需要反复绘制的图形定义为图块，以一个图形文件的形式保存起来，以便在需要时直接插入它们，从而达到重复利用的目的，也可以将已有的图形文件直接插入到当前图形中，来提高绘图效率。

图块，指一个或多个对象的集合，是一个整体，即单一的对象。利用图块，可以简化绘图过程并可以系统地组织任务。如一张装配图，可以分解为若干个块，由不同的人员分别绘制，最后再通过块的插入及更新形成装配图。图块是 AutoCAD 中极其重要的工具，掌握并利用图块可以极大地提高我们的绘图速度。在图形中插入块是对块的利用，不论该块有多么复杂，在图形中只保留块的引用信息和该块的定义，所以使用图块可以减少图形的存储空间，尤其在一张图中多次引用同一图块时十分明显。块可以减少不必要的重复劳动，如每张图上都有的标题栏，就可以制成一个块，在输出时插入。还可以通过块的方式建立标准件图库等。块还可以附加属性，可以通过外部程序和指定的格式抽取图形中的数据。

8.1 图 块 概 述

图块是一组图形实体的总称。在一个图块中，各图形实体均有各自的图层、线型、颜色等特征。而 AutoCAD 总是将图块作为一个单独的、完整的对象来操作。用户可以根据实际需要将图块按给定的缩放比例和旋转角度插入到指定的任一位置，也可以对整个图块进行复制、移动、旋转、比例缩放、镜像、删除、阵列等操作。图块还可以嵌套，即一个图块中包含另外一个或几个图块。在 AutoCAD 中，使用图块主要有以下优点。

1. 便于创建图块库

若将工程图中经常使用的某些图形定义成图块，并存放在磁盘上，就形成了一个图块库。当需要使用其中某个图块时，就可以直接调用图块库中的该图块，将其插入到图中。这样就把复杂的图形变成几个简单的图块拼凑而成，从而避免了大量的重复工作，提高绘图效率和绘图质量。

2. 节省存储空间

图形文件中的每一个实体都有其特征参数，如图层、位置坐标、线型、颜色等。用户保存所绘制的图形，实质上就是让 AutoCAD 将图中所有实体的特征参数保存在磁盘上，每个实体的每个特征参数都要占据一定的磁盘空间。可以说每增加一根线条，多会增加磁盘上相应图形文件的容量。因此，如果一幅图中包含有大量相同的图形，就会占据较大的磁盘空间。但若将这些相同的图形事先定义为一个图块，绘制时直接将块插入到图中的各个相应位置，这样既满足了工程图纸的要求，又能减少存储空间。这是因为：虽然在图块的定义中包含了图形的全部对象，但由于图块是一个整体图形单元，系统只需依次这样的定义。每次插入时，AutoCAD 仅需保存该图块的有关信息，如图块名、插入点坐标、缩放比例以及旋转角度等，无需记住该图块中每一个实体的特征参数，从而大大节省了存储空间。特别是在绘制比较复杂而又需要多次绘制的图形时，使用图块的优点就更加显著了。

3. 便于修改图形

在工程项目尤其在讨论方案、产品设计、技术改造等阶段，经常需要反反复复修改图形。如果在当前图形中修改或更新一个早已定义的图块，AutoCAD 将会自动更新图中插入的所有该图块。如在机械设计中，旧的国家标准规定螺栓的小径用虚线表示，而新国标中螺栓小径用细实线表示。若对旧图纸上的每一个螺栓按新国标修改，需逐个更改，既费时又不方便。但原螺栓如果是通过插入块的方式绘制的，则只需调出图块进行简单修改或重新定义，图中插入的所有该螺栓均会自动修改，从而节约了时间。

4. 可以添加属性

有些常用的图块虽然形状相似，但需要用户根据制造装配的实际要求确定特定的技术参数。AutoCAD 允许用户为图块携带属性。所谓属性，就是从属于图块的文本信息，是图块中不可缺少的组成部分。在每次插入图块时，可根据用户需要而改变图块属性。例如，在建筑制图中，要求用户确定不同的标高值，我们将标高定义为一个图块，在插入该图块时，可以将其属性值设为 −0.045 或 3.200 等。

8.2 图块的创建、插入和存储

图块使用主要包括三个方面的内容：图块的创建、图块的插入和图块的存储。

8.2.1 图块的创建

创建图块有两种形式：一种是附属于某个图形文件中的内部块 BLOCK，它只能在该图形文件所确定的图形中插入使用；另一种是以独立的图形文件存储的通用块 WBLOCK，也称为存储块，这种类型的图块可以在任何图形文件中插入使用或附着。

8.2.1.1 输入命令

通过以下三种方式输入命令：

● 下拉菜单："绘图" → "块" → "创建"。

● 单击绘图工具栏按钮 " "。

● 键盘输入：BLOCK。

输入命令后，弹出如图 8.1 所示的 "块定义" 对话框，各选项含义如下。

1. "名称"

用于输入块名。在 AutoCAD 中，图块名最多可达 255 个字符，可以包括汉字、英文字母、数

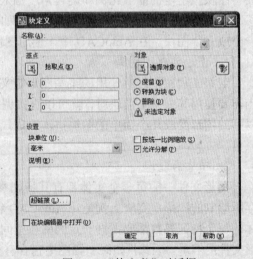

图 8.1   "块定义" 对话框

字、空格或其他未被 Microsoft Windows 或 AutoCAD 使用的任何字符。但不允许含有大于号

（>）、小于号（<）、斜杠（/）、反斜杠（\）、引号（""）、冒号（:）、分号（;）、问号（?）、逗号（,）、竖杠（|）和等于号（=）。块名没有大小写的区别。在新建图块时，若新图块名与当前图形中已定义的块名相同，系统将给出警告对话框，要求用户重新定义块名。

2. "基点"

用于确定块的插入点位置。

"拾取点"按钮：单击"拾取点"按钮，屏幕切换到绘图窗口，用户用十字光标在绘图区内选择一个基点。

在 X、Y、Z 文本框中输入插入点的坐标。从理论上说可以选择任意点作为块的插入点，但为了作图方便，通常将基点选在图块的对称中心、左下角或其他有特征的点上。

3. "对象"

选择构成图块的实体及控制实体的显示方式。

（1）"选择对象"按钮。单击"选择对象"按钮，屏幕切换到绘图窗口，用鼠标选择组成块的各个实体，然后右击或回车结束选择，返回"块定义"对话框。单击"选择对象"按钮右边的"快速选择"按钮，打开"快速选择"对话框，设置所选择实体的过滤条件。

（2）"保留"单选框。创建图块后在绘图窗口上保留组成块的单个独立实体。

（3）"转换为块"单选框。创建图块后在绘图窗口上将组成块的各实体自动转换为块。

（4）"删除"单选框。创建图块后删除绘图窗口上选定的对象。

4. "设置"

指定块的设置。

（1）"块单位"。设置当用户从 AutoCAD 设计中心拖动该图块时的插入比例单位。

（2）"按统一比例缩放"。指定是否阻止块参照不按统一比例缩放。

（3）"允许分解"。指定块参照是否可以被分解。

（4）"超链接"。打开"超级链接"对话框，如图 8.2 所示。用户可以在该对话框中将插入的块和某个超级链接关联。

图 8.2 "超级链接"对话框

8.2.1.2 命令行操作及说明

创建图 8.3（a）中的花格窗图块，创建前的花格窗为多个独立的单体，创建后为一个实体。

命令: BLOCK↙

弹出如图 8.1 所示的对话框，输入名称：花格窗，单击"基点"，切换到屏幕，同时对话框显示：

命令: BLOCK 指定插入基点: 拾取圆心

切换到对话框，单击"选择对象"，切换到屏幕，同时对话框显示：

选择对象: 指定对角点：选择花格窗全部内容 找到 33 个

选择对象: ↙

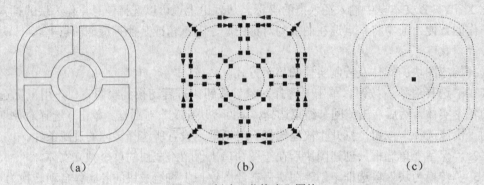

（a）　　　　　　　　　　（b）　　　　　　　　　　（c）

图 8.3　创建"花格窗"图块

（a）创建前；（b）选择对象；（c）创建后

系统自动又切换到对话框，此时对话框右上角显示图块的形状，如图 8.4 所示，单击"确定"按钮，"花格窗"图块创建成功。

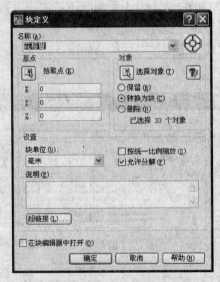

图 8.4　定义"花格窗"对话框

8.2.2　插入图块

块的建立是为了插入引用，图块的重复使用就是通过插入图块的方式实现的。所谓插入图块，就是将已经创建的图块插入到当前图形文件中。插入一个块，一般通过对话框进行，插入多个块，通过阵列插入，块还可以作为尺寸终端或等分标记被插入引用。

通过以下三种方式输入命令：

- 下拉菜单："插入"→"块"。
- 单击绘图工具栏按钮"⬚"。
- 键盘输入：INSERT。

输入命令后，弹出如图 8.5 所示的"插入"对话框，各选项含义如下。

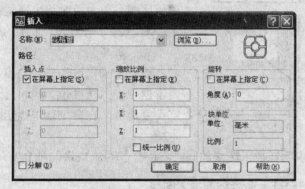

图 8.5　"插入"对话框

1. "名称"

用于输入或选择所需的块名。用户可以单击其后的"浏览…"按钮，打开"选择图形文件"对话框，如图 8.6 所示，选择曾保存的块和外部图形。

图 8.6　"选择图形文件"对话框

2. "插入点"

确定图块的插入点位置。选择"在屏幕上指定"复选框，表示用户在绘图区内确定插入点，AutoCAD 将在命令行里提示"指定插入点"，用户用十字光标确定图块的插入点位置。若不选择"在屏幕上指定"复选框，用户可在 X、Y、Z 三个文本框中输入插入点的三维坐标值。此办法较困难且麻烦，建议采用前者。

3. "缩放比例"

设置块的插入比例。用户可直接在 X、Y、Z 文本框中输入块在三个方向的比例，也可以通过选中"在屏幕上指定"复选框，在命令行里确定三个方向的比例。前者输入方式更加快捷。此外，若选中"统一比例"复选框，X、Y、Z 三个方向的比例一致，用户只需在 X 文本框输入比例即可。若缩放比例系数为负时将出现镜像效果，如图 8.7 所示。X_s、Y_s 分别为 X、Y 轴的缩放系数。

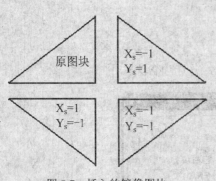

图 8.7 插入的镜像图块

4. "旋转"

设置块插入时的旋转角度。用户可直接在角度文本框中输入角度值，也可通过选择"在屏幕上指定"复选框，在命令行里确定旋转角度。

5. "分解"

选择该复选框，表明在插入图块的同时将块分解为组成块的独立实体。

8.2.3 用"MINSERT"命令阵列插入图块

用"MINSERT"命令同时插入多个块。该命令综合了"INSERT"和矩形"ARRAY"的操作特点，进行多个图块的阵列插入工作，但又不是这两个命令的简单组合，它们之间有本质区别。"ARRAY"命令产生的阵列中每一个对象都是独立的，而"MINSERT"命令插入的块不能被分解。命令行操作如下：

命令：MINSERT↙

输入块名[?]<当前>：确定要插入的图块名或输入问号来查询已定义的图块信息

指定插入点或<比例（S）/X/Y/Z/旋转（R）/预览比例（PS）/PX/PY/PZ/预览旋转>：确定图块的插入点或选择某个选项

输入 X 比例因子，指定对角点，或[角点（C）/XYZ]<1>：输入 X 轴方向的比例系数或选择某一选项，或直接回车以确认系统的默认值

输入 Y 比例因子或<使用 X 比例因子>：Y 方向的比例系数

指定旋转角度<0>：

输入行数（---）<1>：

输入列数（|||）<1>：

输入行间距或指定单位单元（---）：

指定列间距（|||）：

使用"INSERT"、"MINSERT"命令将某个图形文件插入到当前图形文件中时，AutoCAD 会将该图形文件的坐标原点（0，0，0）默认为插入点。若将当前图形插入到其他图形或从其他图形外部参照当前图形，并且需要使用除（0, 0, 0）以外的其他基点，AutoCAD 提供"BASE"命令，用来为图形文件设定基点。

通过以下两种方式输入命令：

- 下拉菜单："绘图"→"块"→"基点"。
- 键盘输入：BASE。

输入命令后，系统提示：

输入基点<当前值>：__确定新的插入基点__

用户可以输入插入点的具体坐标值，也可用鼠标直接确定一点。

"BASE"命令可作为透明命令来使用。另外，在使用该命令之前必须先用"打开"命令打开某一图形文件，使其成为当前图形文件。

8.2.4 存储图块

用"BLOCK"命令创建的图块，只能在图块所在的当前图形文件中使用，而不能被其他图形文件引用。为了使图块成为公共图块，AutoCAD 提供"WBLOCK"命令，它可以将图块单独以图形文件*.dwg 的形式存盘，该图块是独立的，又称通用块，可以在任何图形中被调用插入，它不调入时不会占有图形空间。而"BLOCK"命令创建的图块不论是否使用都在此图形文件中占有容量。所以，只有当创建的图块在所在的图上用量极大而在其他图纸上又不需要使用时，才考虑用"BLOCK"命令。

通过以下方式输入命令：

● 键盘输入：WBLOCK。

输入命令后，弹出图 8.8 所示的"写块"对话框，各选项含义如下。

1. "源"

（1）"块"单选框。在右边的下拉列表框中选出当前图形中已定义的图块（用"BLOCK"命令创建）作为要定义通用块的源图。

（2）"整个图形"单选框。用户将对整个当前图形文件进行图块存盘操作，不包括未被引用过的命令对象，如线型、图层、字类型等。

（3）"对象"单选框。表示用户将自己选择的目标直接定义为图块并进行图块存盘操作。此时用户可根据需要使用"基点"选项区设置块的插入基点位置，也可使用"对象"选项区设置组成块的对象。这种操作方法简单明了，不必事先用"BLOCK"

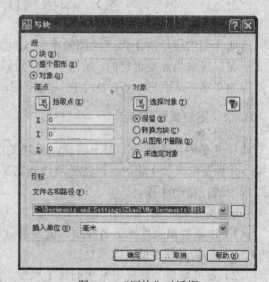

图 8.8 "写块"对话框

命令先创建图块，建议用户采用该方法以提高工作效率。

2. "目标"

设置图块保存后的文件名和路径。AutoCAD 默认的文件名是"新块.dwg"。用户可选择默认 AutoCAD 2007 安装路径，也可单击右边"…"按钮，弹出"浏览图形文件"对话框，如图 8.9 所示，重新选择存盘路径。

"插入单位"下拉列表框：设置图块文件的插入比例单位。

3. 其他

其他内容操作与创建块相同。

图 8.9　"浏览图形文件"对话框

8.3　图块属性的编辑与管理

前面介绍的图块对于提高绘图效率意义重大，但是，图块中是不是只包含图形文件而没有文字呢？答案当然是否定的。图块中不但可以包含文字，而且每次插入时还可以根据要求输入不同的文字，从而进一步扩大了图块的应用范围。这就是"属性"能解决的问题。

8.3.1　图块属性的特点

块属性是附属于块的非图形信息，是块的组成部分，是特定的可包含在块定义中的文字对象，并且在定义一个块时，属性必须预先定义而后被选定。通常情况下，属性用于在块的插入过程中进行自动注释。

1. 块属性的特点

（1）块属性由属性标记名和属性值两部分组成。如把"Name"定义为属性标记名，而具体的"Mat"就是属性值，即属性。

（2）定义块前，应先定义块的每个属性，即规定每个属性的标记名、属性提示、属性默认值、属性的显示格式（可见或不可见）及属性在图形中的位置。一旦定义了属性，该属性以其标记名在图中显示出来，并保存有关信息。

（3）定义块时，应将图形对象和表示属性定义的属性标记名一起用来定义块属性。

（4）输入有属性的块时，系统将提示用户输入需要的属性值。插入块后，属性用属性值表示。因此同一个块在不同点插入时可以有不同的属性值。若属性值在属性定义时被规定为常量，系统将不再询问它的属性值。

（5）插入块后，用户可以改变属性的显示可见性，对属性作一些修改，把属性单独提取出来写入文件，以供统计、制表或与数据库和其他语言进行数据通信用。

2. 使用块属性的三个步骤

（1）定义块属性。

（2）编辑属性。

（3）插入属性。

8.3.2 定义带属性的块

通过以下两种方式输入命令：

● 下拉菜单："绘图"→"块"→"定义属性"。

● 键盘输入：ATTDEF。

输入命令后，弹出图 8.10 所示的"属性定
义"对话框，各选项含义如下。

1."模式"

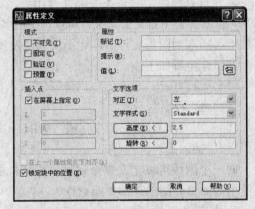

通过复选框选择属性的模式。

（1）"不可见"复选框。表示插入图块并
输入图块属性值后，属性值在图中不显示，反
之则将显示当前图块的属性值。

（2）"固定"复选框。属性值在定义属性
时已确定为常量，在插入图块时该属性值保持
不变。否则，将属性不设为定值，插入块时可
以输入任意值。

图 8.10 "属性定义"对话框

（3）"验证"复选框。表示在插入图块时，系统将用户输入的属性值再次给出校验提示，
要求用户确认所输入的属性值是否正确无误。否则不再校验。

（4）"预置"复选框。插入块时，系统把"属性"选项区中"值"文本框中输入的默认
值自动设置成实际属性值，不再要求用户输入新值。

2."属性"

（1）"标记"。用于输入属性的标记，不允许空缺。如果属性提示或默认值中需要以空格
开始，则必须在字符串前加一反斜杠（\）。若第一字符就是反斜杠，则必须在字符串前再加一
反斜杠。属性标记可包含除空格及感叹号（!）外的任何字符（包括中文字符），最多可选择
256 个字符。

（2）"提示"。用于输入插入块时系统显示的提示信息。如果不输入提示内容，则属性标
记将用作提示。

（3）"值"。用来输入默认的属性值。

3."插入点"

设置属性文本的插入点，即属性文字排列的参照点。用户可以选择"在屏幕上指定"复
选框，也可以直接在 X、Y、Z 文本框中输入点的坐标。

4."文字选项"

用来确定属性文本格式。

（1）"对正"。在下拉列表框中确定属性文本相对于插入点的对齐方式。

（2）"文字样式"。在下拉列表框中选择属性文本的样式。

（3）"高度"。确定属性文本的高度。

（4）"旋转"。确定属性文本的旋转角度。

（5）"在上一个属性定义下对齐"复选框。选中则表明当前属性将继承上一属性的部分参数，如字体、字高、旋转角度和对齐方式等。此时，"插入点"和"文字选项"选项区将失效。但若在当前图形文件中未曾定义属性，该复选框呈灰色。

（6）锁定块中的位置。锁定块参照中属性的位置。

8.3.3　插入带属性的块

属性只有和图块联系在一起才有用处，单独的属性毫无意义。定义属性的图块如果不作插入，也就失去了定义的意义。所以，在很多情况下我们需要向图块追加属性，并将此图块带属性一起插入到图形文件中，让图块真正发挥高效。

其操作步骤如下：

（1）绘制图形。

（2）定义属性。

（3）用"BLOCK"命令（或"WBLOCK"命令）定义图块（必须包含属性文字）。

（4）插入图块。

同一个图块可以定义多个属性，带属性的图块只能用插入的命令插入到当前图形中，而不能用后面将介绍的外部参照命令。

为块定义属性后，用户还可以修改属性定义中的属性标记、提示及默认值。利用"DDEDIT"命令可进行属性定义的修改与编辑。

通过以下两种方式输入命令：

● 下拉菜单："修改"→"对象"→"文字"→"编辑"。

● 键盘输入：DDEDIT。

输入命令后，命令行提示：

选择注释对象或[放弃（U）]：

在提示下选择属性标记后，AutoCAD 将弹出"编辑属性定义"对话框。利用该对话框，用户可以修改属性定义的标记、提示和默认值。但"DDEDIT"命令只能编辑属性定义，一旦属性定义追加入图块成为图块的属性就不能进行属性编辑。若一定要使用该命令，只能将图块分解，使图块属性还原为属性定义。

8.3.4　编辑块属性

块属性编辑包括单个属性和总体属性。

1. 单个属性的编辑

通过以下两种方式输入命令：

● 下拉菜单："修改"→"对象"→"属性"→"单个"。

● 键盘输入：EATTEDIT。

输入命令后，命令行提示：

选择块：选择带属性的块

弹出如图 8.11 所示的"增强属性编辑器"对话框，各选项含义如下：

（1）"属性"选项卡。列表框中显示了块中每个属性的标记、提示和值。在列表框中选择某一属性后，"值"文本框将显示出该属性对应的属性值，用户可以修改。

（2）"文字选项"选项卡。用于修改属性文字的格式，如图 8.12 所示。该选项卡中内容与文本操作时一样，这里不再赘述。

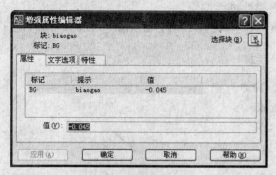

图 8.11 "增强属性编辑器"对话框   图 8.12 "文字选项"选项卡

（3）"特性"选项卡。如图 8.13 所示，用于修改属性文字的图层以及它的线宽、线型、颜色及打印样式。

编辑块的单个属性，也可直接在命令行里输入"ATTEDIT"，并按 Enter 键，即弹出如图 8.14 所示的"编辑属性"对话框。此时只能修改属性数值。

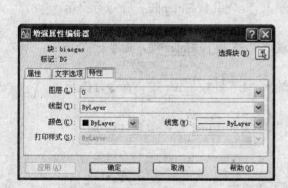

图 8.13 "特性"选项卡   图 8.14 "编辑属性"对话框

2. 总体属性的编辑

通过以下两种方式输入命令：

● 下拉菜单："修改"→"对象"→"属性"→"全局"。

● 键盘输入：ATTEDIT。

输入命令后，命令行提示：

是否一次编辑一个属性？[是（Y）/否（N）]<Y>：确定属性编辑方式（输入 N 并按 Enter 键，系统将进入编辑总体属性方式；直接按 Enter 键将进入编辑个别属性方式）

若进入编辑个别属性方式，用户必须逐一编辑每个属性，修改该属性的属性值、方向、位置、字高、字型、图层及颜色等。该方式只能编辑当前绘图区内可见的图块属性。

选择编辑个别属性方式后用户根据系统提示来设置图块属性。

输入块名定义<*>：

输入属性标记定义<*>：

输入属性值定义<*>：

选择属性：

前三个提示符均可直接按 Enter 键。属性选择完后，AutoCAD 将在所选择的第一个属性的起点处显示一个"×"符号，表示将首先对该属性进行编辑。

输入选项[值（V）/位置（P）/高度（H）/角度（A）/样式（S）/图层（L）/颜色（C）下一个（N）]<下一个>：

各选项的含义如下：

（1）值：编辑属性值。输入"V"并回车，命令行提示：

输入值修改的类型[修改（C）/替换（R）]<替换>：

输入"C"并回车，系统提示：

要改变的字符串：

新字符串：

输入"R"并回车，系统提示：

输入新属性值：

（2）位置。更改属性文本位置。输入"P"并按 Enter 键，命令行提示：

指定新的文字插入点<不修改>：

（3）高度。修改属性文本的字高。输入"H"并按 Enter 键，命令行提示：

指定新高度<当前值>：

（4）角度。修改属性文本的旋转角度。输入"A"并按 Enter 键，命令行提示：

指定新的旋转角度<当前值>：

（5）样式。修改属性文本的字体类型。输入"S"并按 Enter 键，命令行提示：

输入新文字样式<当前样式>：

（6）图层。修改属性文本所在的图层。输入"L"并按 Enter 键，命令行提示：

输入新图层名<当前层>：

（7）颜色。修改属性文本的颜色。输入"C"并按 Enter 键，命令行提示：

输入新颜色名或值<当前颜色>：

（8）下一个。修改下一个属性文本。

当在命令行输入"ATTEDIT"命令或者在下拉菜单"修改"→"对象"→"属性"→"全局"时，命令行提示：

是否一次编辑一个属性？[是（Y）/否（N）]<Y>：

输入"N"并按 Enter 键，系统将进入编辑总体属性方式，此总体属性编辑方式就是在确定属性编辑范围后编辑各属性的属性值，但不能编辑属性的其他参数，如字高、位置、颜色、图层等。该方式不仅可以编辑当前绘图区内可见的图块属性，还可以编辑不可见的图块属性。

选择编辑总体属性方式后，命令行提示：

正在执行属性值的全局编辑：

是否编辑屏幕可见的属性？[是（Y）/否（N）]<Y>：

直接按 Enter 键，系统将只编辑可见属性。此时，系统要求选择属性。

若用户输入"N"，系统将在整个图形文件中寻找合适的属性并对其属性值进行编辑。系统从绘图窗口切换到文本窗口，并提示：

输入块名定义<*>：

输入属性标记定义<*>：

输入属性值定义<*>：

输入要修改的字符串：

输入新字符串：

注意： 编辑属性时系统要区分大小写。

8.3.5　块属性管理器

块属性管理器是为了让用户更方便地管理块中的属性。

通过以下两种方式输入命令：

● 下拉菜单："修改"→"对象"→"属性"→"块属性管理器"。

● 键盘输入：BATTMAN。

输入命令后，弹出"块属性管理器"对话框，如图 8.15 所示。各选项含义如下：

（1）"选择块"按钮。单击，则切换到绘图窗口，来选择需要操作的块。

（2）"块"。下拉列表框列出了当前图形中含有属性的所有块的名称。

（3）属性列表框。显示了当前所选择块的所有属性，包括属性的标记、提示、默认值和模式等。

（4）"同步"按钮。更新已经修改的属性特性实例。

（5）"上移"按钮。将在属性列表框中选中的属性行上移一行，但对属性值为定值的行不起作用。

（6）"下移"按钮。将在属性列表框中选中的属性行下移一行。

（7）"编辑"按钮。打开"编辑属性"对话框，如图 8.16 所示。利用该对话框可以重新设置属性定义的构成、文字特性和图形特性。

图 8.15　"块属性管理器"对话框

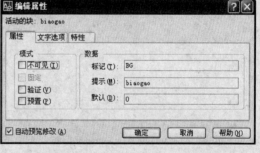

图 8.16　"编辑属性"对话框

（8）"删除"按钮。从块定义中删除在属性列表框中选中的属性，块中对应的属性值亦被删除。

（9）"设置"按钮。单击将打开"设置"对话框，如图 8.17 所示，可设置在"块属性管理器"对话框中的属性列表框中能够显示的内容。

图块的各项操作一般使用对话框方式比较方便和直接，但有时也会用到命令行方式。命令行方式，就是在输入命令以后不会出现对话框，所有的提示和操作都在命令行里面进行。其所用的命令就是对话框方式下的命令前面加上一个"—"（横

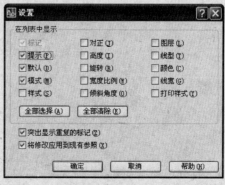

图 8.17　"设置"对话框

杠）。图块操作中，对话框和命令行方式的比较见表 8.1。

表 8.1　命令行方式和对话框方式的比较

图块操作	命令行方式	对话框方式
定义图块	命令行输入：－Block	1. 命令行输入：BLOCK（或 BMAKE 或 B）； 2. 下拉菜单："绘图"→"块"→"创建"； 3. 单击绘图工具栏"创建块"按钮
图块存盘	命令行输入：－Wblock	命令行里输入：Wblock 或 W
插入图块	命令行输入：－insert； 利用"Minsert"命令插入图块（插入与阵列结合）	1. 命令行输入：insert； 2. 单击绘图工具栏里的"插入块"按钮； 3. 下拉菜单："插入"→"块"
定义属性	命令行输入：－Attdef	1. 命令行输入：Attdef； 2. 下拉菜单："绘图"→"块"→"定义属性"
向图块追加属性	1. 绘制构成图块的实体图形； 2. 定义属性； 3. 用"Block"或"Wblock"命令将图形和属性一起定义成图块	
编辑属性定义		1. 命令行输入：DDEdit； 2. 单击修改工具栏里的"Edit Text"按钮； 3. 单击修改菜单中的"Text"命令
编辑图块中的属性	1. 命令行输入：－Attedit； 2. 下拉菜单："修改"→"对象"→"属性"→"单个"或"全局"	1. 命令行输入：Attedit； 2. 单击修改 II 工具栏里的"属性编辑"按钮

第9章 设计中心及辅助功能

在绘图时，经常遇到要修改已绘制好的图形，或调用其他图形的一些属性，或查询已画好的图形，或清理文件图形等。除了前面所述的编辑等命令外，还有一些常用的绘图技巧，如使用特性匹配格式刷，使用特性按钮，使用 AutoCAD 设计中心、使用查询命令、使用清理图形命令等，本章就介绍这些命令。

9.1 特性匹配格式刷

1. 功能

"特性匹配"命令将选定的对象的特性，包括颜色、图层、线型、线型比例、线宽、打印样式，还有尺寸标注、文字和图案填充等，快速复制到当前图形或已打开的其他图形中的指定对象上。

"特性匹配"按钮在"标准"工具栏上，如图9.1所示，也称为格式刷。

图 9.1 "标准"工具栏上的"特性匹配"按钮

2. 输入命令

通过以下三种方式输入命令：

● 下拉菜单："修改" → "特性匹配"。

● 单击修改工具栏按钮" ✔ "。

● 键盘键入：MATCHPROP。

3. 命令行操作

命令：MATCHPROP↙

选择源对象：选择要复制其特性的源对象 （选择图9.2（a）中的点画线）

当前活动设置：颜色 图层 线型 线型比例 线宽 厚度 打印样式 文字 标注 填充图案 多段线 视口

选择目标对象或 [设置(S)]：选择要复制其特性的目标对象 （图9.2（b）中的点画线）

选择目标对象或 [设置(S)]：↙

命令：MATCHPROP↙

选择源对象：选择要复制其特性的源对象 （选择图9.2（a）中的圆）

当前活动设置：颜色 图层 线型 线型比例 线宽 厚度 打印样式 文字 标注 填充图案 多段线 视口

选择目标对象或 [设置(S)]：选择要复制其特性的目标对象 （图9.2（b）中的虚线圆）

选择目标对象或 [设置(S)]：↙

输入命令后，十字光标变成一把小刷子" 🖌 "，小刷子刷到的地方，就会改变对象原有的特性，如图9.2（c）中的轴线变成了点画线，图9.2（d）中的虚线圆变成了实线圆。

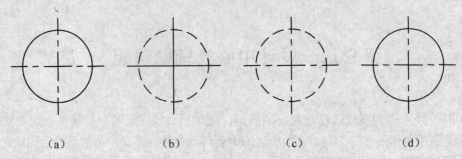

（a）　　　　　　　　（b）　　　　　　　　（c）　　　　　　　　（d）

图 9.2　用"特性匹配"按钮快速修改图形特性

（a）源对象；（b）目标对象；（c）第一次修改轴线；（d）第二次修改圆

9.2　特　性　按　钮

1. 功能

"特性"选项板列出某个选定对象或一组对象的特性。使用"特性"按钮可以操作该选项板来修改对象的特性。

2. 输入命令

"特性"按钮在"标准"工具栏上，如图 9.3 所示。

图 9.3　"标准"工具栏上的"特性"按钮

通过以下两种方式输入命令：

● 单击标准工具栏按钮""。

● 键盘键入：PROPERTIES。

输入命令后，弹出"特性"选项板，如图 9.4 所示。打开"特性"选项板，将它移到屏幕的两侧，不影响其他命令的执行。

3. 操作及说明

在"命令"状态下选择所要修改的实体，可用任意选择方法选择所需对象。选中后，"特性"选项板中会显示该实体的特性，此时就可以修改所要修改的内容。

如未选择对象，"特性"选项板只显示当前图层的基本特性、三维效果、打印样式、视图和其他相关信息。如选择多个对象时，"特性"选项板只显示选择集中所有对象的公共特性。

选择了对象后，在"特性"选项板中单击要修改的选项，用以下方法之一便可完成更改。

（1）输入新值。

（2）单击右侧的向下箭头并从列表中选择一个值。

（3）单击"拾取点"按钮，使用定点设备修改坐标值。

图 9.4　"特性"选项板

（4）单击左或右箭头可增大或减小该值。

（5）单击"快速计算"计算器按钮可计算新值。

（6）单击"..."按钮并在对话框中修改特性值。

完成所有的修改后，单击 Esc 键完成了操作，此时对话框仍然处在打开状态。

单击"特性"对话框角上的关闭按钮"❌"，关闭该选项板。

9.3　AutoCAD 设计中心

1. 功能

用户可以在 AutoCAD 设计中心组织对图块、填充、外部参照和其他图形内容的访问；可以将源图形中的任何内容拖动到当前图形中；可以将图形、块和填充拖动到工具选项板上；源图形可以位于用户的计算机上、网络位置或网站上。如果打开了多个图形，则可以通过设计中心在图形之间复制和粘贴，如图层、文字样式、尺寸样式等，以简化绘图过程。

"设计中心"按钮在"标准"工具栏上，如图 9.5 所示。

图 9.5　"标准"工具栏上的"设计中心"按钮

2. 输入命令

通过以下三种方式输入命令：

● 下拉菜单："工具"→"设计中心"。

● 单击标准工具栏按钮"🖾"。

● 键盘键入：ADCENTER。

输入命令后，弹出"设计中心"对话框，对话框中显示两个窗格，左窗格为树状图，右窗格为左窗格所选中的图形内容显示区，右窗格的下部为预览区。

如图 9.6 所示，左窗格选中的文件名为"1.dwg"中的"块"，右窗格即显示该文件有三个图块，再选其中"花格窗"图块，右窗格的下部就显示了花格窗的图形。

AutoCAD 设计中心的选项卡说明如下：

（1）"文件夹"。文件夹中的文件以树状图列出，显示计算机或网络驱动器（包括"我的电脑"和"网上邻居"）中文件和文件夹的层次结构，它的操作方法与 Windows 资源管理器的操作方法类似。

（2）"打开的图形"。列表显示已打开的全部图形文件名。

（3）"历史记录"。列表显示最近 20 个设计中心访问过的图形文件。

（4）"联机设计中心"。访问联机设计中心网页。建立网络连接时，"欢迎"页面中将显示两个窗格。左边窗格显示了包含符号库、制造商站点和其他内容库的文件夹，当选定某个符号时，它会显示在右窗格中，并且可以下载到用户的图形中。

（5）"内容区域"。在内容区域中，通过拖动、双击或单击鼠标，可以在图形中添加其他内容，如块、图层、标注样式、填充图案等。

1）"预览区"：显示内容区域中选定的内容。

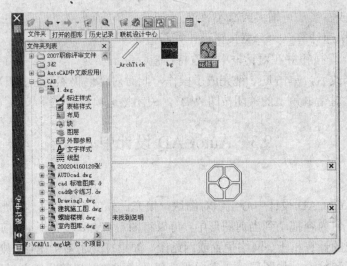

图 9.6   "设计中心"对话框

2）"说明"：显示内容区域中选定项目的文字说明。如果同时显示预览图像，文字说明将位于预览图像下面。如果选定项目没有保存的说明，"说明"区域将为空。

3. 操作及说明

使用设计中心可以方便地复制图层、图块、文字样式等，只需拖放，就可将所需的内容复制到另一个图形文件中，复制图层操作如下：

（1）打开所需图层的图形文件名。

（2）单击"图层"，右边显示出该图形文件共有 11 个图层，如图 9.7 所示。

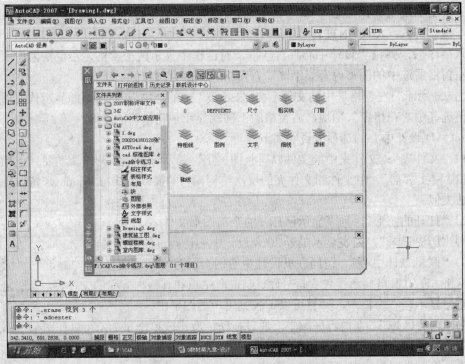

图 9.7   利用设计中心复制图层

（3）将光标指在所选图层"尺寸"上，按下鼠标左键将其拖曳到打开的图形中，再松开鼠标，"尺寸"图层就复制到了当前的图形文件中。

用同样的方法可以将标注样式、文字样式、块、线型等复制到打开的图形文件中。

9.4　查　询　命　令

查询命令可以在绘图和编辑过程中，方便地查询图形对象的距离、角度、面积、周长等特性参数。常用的查询命令在"查询"工具栏上，如图 9.8 所示。

图 9.8　"查询"工具栏

9.4.1　距离

1．功能

测量任意两点 X、Y、Z 三个方向上的距离，以及直线在 XY 平面中的倾角、与 XY 平面的夹角。

2．输入命令

通过以下三种方式输入命令：

● 　下拉菜单："工具"→"查询"→"距离"。
● 　单击标准工具栏按钮" "。
● 　键盘键入：DIST。

3．命令行操作及说明

　　命令:DIST↙
　　指定第一点: 拾取点 A
　　指定第二点: 拾取点 B
　　距离 =21.4988，XY 平面中的倾角 =13，　与 XY 平面的夹角 =0
　　X 增量 =20.9433，　Y 增量 =4.8557，　Z 增量 =0.0000

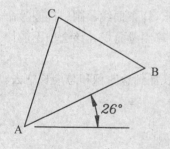

图 9.9　查询直线长度和倾角

如图 9.9 所示，B 点距 A 点的 X 方向增量=20.9433mm，Y 方向增量=4.8557mm，直线 AB 的总长=21.4988mm，水平方向的倾角=26°。

用户可以继续查询直线 AC、直线 BC 的长度和倾角。

9.4.2　面积

1．功能

测量多边形的面积和周长。

2．输入命令

通过以下三种方式输入命令：

● 　下拉菜单："工具"→"查询"→"面积"。
● 　单击标准工具栏按钮" "。
● 　键盘键入：AREA。

3. 命令行操作及说明

　　命令: AREA↙

　　指定第一个角点或 [对象(O)/加(A)/减(S)]: 拾取点 A

　　指定下一个角点或按 ENTER 键全选: 拾取点 B

　　指定下一个角点或按 ENTER 键全选: 拾取点 C

　　指定下一个角点或按 ENTER 键全选: ↙

　　面积 = 168.0266，周长 = 60.5243

　　命令: AREA↙

　　指定第一个角点或 [对象(O)/加(A)/减(S)]: O↙ （选择对象）

　　选择对象: 选择四边形 DEFG （单击其中的任意一条边）

　　选择对象: ↙

　　面积 = 211.1134，周长 = 58.1906

　　命令: AREA↙

　　指定第一个角点或 [对象(O)/加(A)/减(S)]: O↙

　　选择对象: 选择圆 O （单击圆）

　　面积 = 162.4504，圆周长 = 45.1820

在图 9.10 中，三角形 ABC 的面积=168.0266mm^2，周长=60.5243mm。四边形 DEFG 的面积=211.1134mm^2，周长=58.1906mm。圆面积=162.4504mm^2，圆周长=45.1820mm。

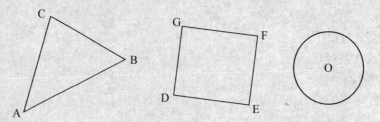

图 9.10　查询多边形面积和周长

各选项说明如下：

　　（1）对象（O）。选择的对象必须是以多段线、矩形、多边形、样条曲线、圆、椭圆等命令绘制的图形，对于有宽度的线，AutoCAD 按多段线的中心线计算测量面积。该选项不能计算和测量直线命令绘制的多边形。

　　（2）加（A）。测量多个多边形面积，将新选对象的面积、周长加到总面积和总周长中去。测量四边形和圆的总面积、总周长，操作如下：

　　命令: AREA↙

　　指定第一个角点或 [对象(O)/加(A)/减(S)]: A↙ （选择加）

　　指定第一个角点或 [对象(O)/减(S)]: O↙ （选择对象）

　　（"加"模式）选择对象: 单击四边形 DEFG 中的任意一条边

　　面积 = 211.1134，周长 = 58.1906

　　总面积 = 211.1134

　　（"加"模式）选择对象: 单击圆

　　面积 = 162.4504，圆周长 = 45.1820

　　总面积 = 373.5638

　　（"加"模式）选择对象:

指定第一个角点或 [对象(O)/减(S)]：∠

（3）减（S）。减与加相反，就是把新选对象的面积、周长从总面积和总周长中减去。

9.4.3 列表显示

1. 功能

文本窗口将显示对象类型、对象图层、相对于当前用户坐标系 (UCS) 的 X、Y、Z 坐标位置以及对象是位于模型空间还是图纸空间等。

2. 输入命令

通过以下三种方式输入命令：

- 下拉菜单："工具"→"查询"→"列表显示"。
- 单击标准工具栏按钮" "。
- 键盘键入：LIST。

3. 命令行操作及说明

查询图 9.10 中的圆的信息。

命令：LIST∠

选择对象：单击圆周上的任意一点

找到一个

选择对象：∠

圆   图层: 0
空间: 模型空间
句柄 = 38
圆心 点，X= 515.2635   Y= 325.8562   Z=   0.0000
半径   7.1909
周长   45.1820
面积   162.4504

命令：

此时，AutoCAD 文本窗口打开，同时显示以上信息。

9.5 清 理 图 形

1. 功能

对图形文件中不用的图层、图块、标注样式、文字样式、线型等进行清理，以节省图形文件的存储空间。

2. 输入命令

通过以下两种方式输入命令：

- 下拉菜单："文件"→"实用绘图程序"→"清理"。
- 键盘键入：PURGE。

输入命令后，弹出"清理"对话框，如图 9.11 所示。

3. 操作及说明

（1）"查看能清理的项目"。切换树状图以显示当前图形中可以清理的命名对象的概要。

（2）"图形中未使用的项目"框内将会列出全部未使用的、可被清理的项目，可以通过单击加号或双击对象类型列出任意对象类型的项目。通过选择要清理的项目来清理项目。对话框显示带有可清理项目的对象类型的树状图。

（3）"确认要清理的每个项目"。清理项目时显示"确认清理"对话框。

（4）"清理嵌套项目"。从图形中删除所有未使用的命名对象，显示"确认清理"对话框，可以取消或确认要清理的项目。

（5）"清理"按钮。清理所选项目。

（6）"全部清理"按钮。清理所有未使用项目，AutoCAD 自动将未使用的全部项目清理干净。

单击"关闭"按钮，退出命令。

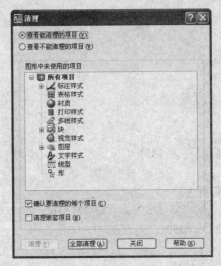

图 9.11　"清理"对话框

第 10 章　绘制建筑施工图

通过学习上述各类命令，我们可以绘制专业工程图样了。建筑施工图包括总平面图、建筑平面图、立面图、剖面图和建筑详图，它们之间有大量的重复内容，为了减少不必要的重复工作，用户可以建立一个符合国家制图标准的图形样板文件，绘图时随时调用样板文件，提高绘图效率。

10.1　创建图形样板文件

图形样板文件也称为样板图，绘图时很多的属性是可以重复使用的，如图层的建立和命名，图层的颜色和线型，文字样式、尺寸样式等，样板图就是将这些经常使用的绘图环境事先设置好，以便在绘制新图时沿用原来的图形文件，以避免每次画图时都从头开始逐项设置。

样板文件保存在系统的 Template 子目录内，保存类型为"*.dwt"。

下面以绘制 1：100 的建筑施工图为例，创建一张样板图。

10.1.1　新建一个文件

单击"新建"按钮，弹出"选择样板"对话框，选择一个文件，单击"打开"按钮，如图 10.1 所示。

图 10.1　新建一个文件

10.1.2　建立图层

按照建筑施工图的绘制内容，建立如图 10.2 所示的图层，图层的名称、颜色、线型见表

10.1。图层的颜色用户可根据习惯自定，图层的线宽为默认值，图形输出时由颜色统一设置。
完成设置后，单击"确定"按钮。用户还可以根据需要继续创建图层。

在"图层"工具栏的下拉列表框内，或以后打开"图层特性管理器"时，图层的排列顺序由字母的先后顺序决定。

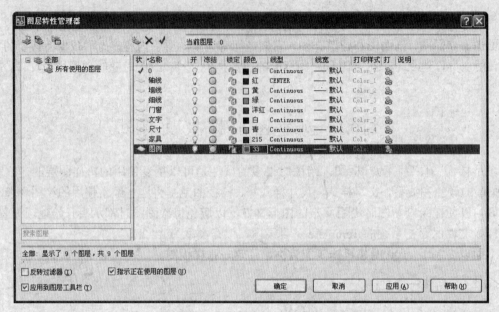

图 10.2　建立图层

表 10.1　图　　　层

名　称	颜　色	线　型
轴线	红色	CENTER
墙线	黄色	Continuous
细线	红色	Continuous
门窗	品红	Continuous
文字	白色	Continuous
尺寸	青色	Continuous
地坪线	蓝色	Continuous
家具	60	Continuous
图例	42	Continuous

10.1.3　文字样式

设定汉字、数字、字母文字样式，见表 10.2。

文字样式的高度、倾斜角度均为 0。

文字样式的效果均为默认设置，即都不选。

表 10.2 文 字 样 式

样式名	字体名	宽度比例
HZ	仿宋_GB2312	0.7
DIM	simplex.shx	0.7
ZM	complex.shx	0.7

10.1.4 尺寸样式

（1）样式名：DIM100。

（2）直线。尺寸线：基线间距→700；尺寸界线：超出尺寸线→200；起点偏移量→500。

（3）符号和箭头。箭头：第一项→建筑标记，第二个→建筑标记；箭头大小：200。

（4）文字。文字外观：文字样式→DIM，文字高度→250；文字位置：垂直→上方，水平→置中，从尺寸线偏移→50；文字对齐：与尺寸线对齐。

（5）其他设置同 6.1 节，并将 DIM100 置为当前。

10.1.5 保存

将设置好的图形文件保存，如图 10.3 所示，保存于系统的 Template 子目录内；文件名为"施工图 100 样板文件"；文件类型为"AutoCAD 图形样板（*.dwt）"。

单击"保存"按钮，弹出"样板说明"对话框，如图 10.4 所示，在该对话框中用户可以说明所设置样板图的内容，单击"确定"后，即完成创建样板图的全过程。

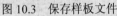

图 10.3　保存样板文件

图 10.4　"样板说明"对话框

为了避免系统发生故障后丢失样板图，作者建议将样板图以图形文件，保存在用户文件夹中。

10.2　绘制建筑平面图

绘制如图 10.5 所示的底层平面图。

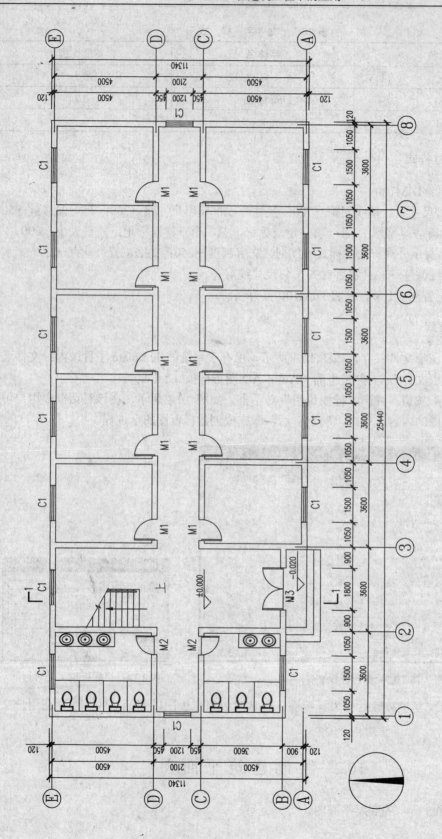

图 10.5　底层平面图（1∶100）

打开上节设置的图形样板文件"施工图 100 样板文件.dwt",另存为用户子目录,文件名为"平立剖面图.dwg"。

路径:施工图/1 号楼/建筑/平立剖面图。

建筑施工图按 1∶1 绘制,打印时按 1∶100 的比例输出。

10.2.1　画轴线

将"轴线"层置为当前层,用直线命令画水平和竖直两条轴线,用偏移和阵列命令将以上两条直线按规定的开间和进深偏移或阵列。

命令操作及说明如下。

1.　画水平轴线

命令:LINE✓　指定第一点:拾取一点

指定下一点或 [放弃(U)]:28000✓ (画水平 A 轴线,长度=28000mm)

指定下一点或 [放弃(U)]:✓

屏幕显示的轴线为实线,修改线型比例。输入命令:

● 下拉菜单"格式"→"线型"。

弹出"线型管理器"对话框,如图 10.6 所示,将"全局比例因子"改为 60,此时屏幕显示轴线为轴线。

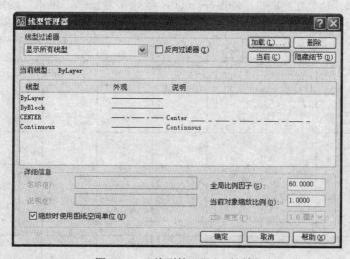

图 10.6　"线型管理器"对话框

画全部的水平轴线,每条水平轴线之间的距离不相等,用偏移命令绘制。

命令:OFFSET✓

指定偏移距离或 [通过(T)] <0.0000>:900✓ (A、B 轴线间距为 900mm)

选择要偏移的对象或 <退出>:单击第一条水平轴线 A

指定点以确定偏移所在一侧:单击 A 轴线上方任意一点 (画 B 轴线)

选择要偏移的对象或 <退出>:✓

命令:OFFSET✓

指定偏移距离或 [通过(T)] <900.0000>:3600✓ (B、C 轴线间距为 3600mm)

选择要偏移的对象或 <退出>:单击第二条水平轴线 B

指定点以确定偏移所在一侧: 单击 B 轴线上方任意一点（画 C 轴线）

选择要偏移的对象或 <退出>: ↙

命令: OFFSET↙

指定偏移距离或 [通过(T)] <3600.0000>: 2100↙（C、D 轴线间距为 2100mm）

选择要偏移的对象或 <退出>: 单击第三条水平轴线 C

指定点以确定偏移所在一侧: 单击 C 轴线上方任意一点（画 D 轴线）

选择要偏移的对象或 <退出>: ↙

命令: OFFSET↙

指定偏移距离或 [通过(T)] <2100.0000>: 4500↙（C、E 轴线间距为 4500mm）

选择要偏移的对象或 <退出>: 单击第四条水平轴线 D

指定点以确定偏移所在一侧: 单击 D 轴线上方任意一点（画 E 轴线）

选择要偏移的对象或 <退出>: ↙

2. 画竖直轴线

命令: LINE↙ 指定第一点: 拾取一点 （与水平轴线相交）

指定下一点或 [放弃(U)]: 13000↙（画竖直 1 号轴线，长度=13000mm）

指定下一点或 [放弃(U)]: ↙

画全部的竖直轴线，每条竖直轴线距离相等，用阵列命令绘制。

命令: ARRAY↙（弹出"阵列"对话框）

阵列对话框操作: 1 行，8 列，列偏移 3600，选择 1 号轴线，单击"确定"按钮。

绘制的轴线如图 10.7 所示。

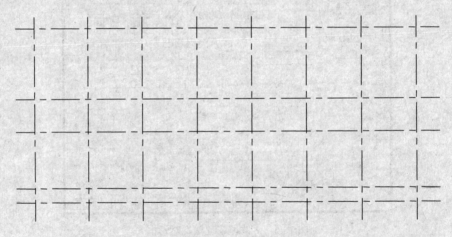

图 10.7　画轴线

10.2.2　画墙线

将"墙线"层置为当前层，添加 WALL 多线样式，见 3.1 节，用多线命令画墙线，用多线编辑命令和修剪命令编辑墙线。

命令操作及说明如下。

1. 画墙线

命令: MLINE↙

当前设置: 对正 = 上，比例 = 20.00，样式 = WALL

指定起点或 [对正(J)/比例(S)/样式(ST)]: J↙

输入对正类型 [上(T)/无(Z)/下(B)] <上>: Z↙

当前设置: 对正 = 无，比例 = 20.00，样式 = WALL

指定起点或 [对正(J)/比例(S)/样式(ST)]: S↙

输入多线比例 <20.00>: 240↙

当前设置: 对正 = 无，比例 = 240.00，样式 = WALL

指定起点或 [对正(J)/比例(S)/样式(ST): 拾取轴线的交点

指定下一点: 拾取轴线的交点

指定下一点或 [放弃(U)]: 拾取轴线的交点

指定下一点或 [闭合(C)/放弃(U)]: 拾取轴线的交点

指定下一点或 [闭合(C)/放弃(U)]: ↙

命令: MLINE↙ （继续画墙线）

当前设置: 对正 = 无，比例 = 240.00，样式 = WALL

指定起点或 [对正(J)/比例(S)/样式(ST)]: 拾取轴线的交点

指定下一点: 拾取轴线的交点

指定下一点或 [放弃(U)]: 拾取轴线的交点

指定下一点或 [闭合(C)/放弃(U)]: ↙

继续画墙线，直至画完如图 10.8 所示的墙线。

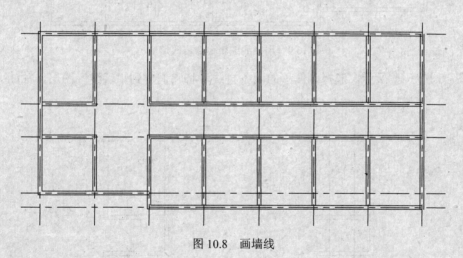

图 10.8　画墙线

2. 编辑墙线

用"多线编辑工具"编辑墙线。

关闭"轴线"图层，打开"多线编辑工具"对话框，对所画的墙线进行编辑。

单击"T 形打开"图标，单击"确定"按钮，对话框关闭，返回到屏幕绘图状态，修改墙线，见 4.9 节。

用多线编辑工具修改后的墙线如图 10.9 所示。

3. 画门窗洞线

用修剪命令剪断墙线。

打开"轴线"图层，轴线到窗洞的距离为 1050mm，根据该尺寸，绘制窗洞的位置线。

命令: OFFSET↙

当前设置: 删除源=否　图层=源　OFFSETGAPTYPE=0

指定偏移距离或 [通过(T)/删除(E)/图层(L)] <通过>: <u>1050∠</u>（轴线到窗洞线的距离=1050mm）

选择要偏移的对象，或 [退出(E)/放弃(U)] <退出>: <u>选择最左边的第一根轴线</u>

指定要偏移的那一侧上的点，或 [退出(E)/多个(M)/放弃(U)] <退出>: <u>单击第一根轴线右边的任意一点</u>（第一根轴线向右偏移）

选择要偏移的对象，或 [退出(E)/放弃(U)] <退出>: <u>选择最左边的第二根轴线</u>

指定要偏移的那一侧上的点，或 [退出(E)/多个(M)/放弃(U)] <退出>: <u>单击第二根轴线左边的任意一点</u>（第二根轴线向左偏移）

选择要偏移的对象，或 [退出(E)/放弃(U)] <退出>: <u>∠</u>

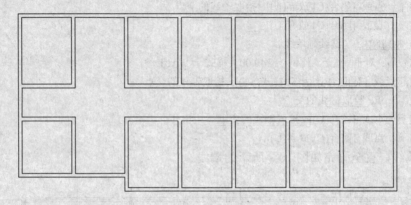

图 10.9　用多线编辑命令修改墙线

　　如图 10.10（a）所示。选择刚偏移的两条直线，将它们放到"墙线"图层，关闭"轴线"图层。

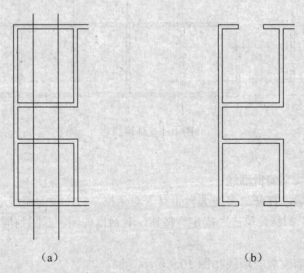

（a）　　　　　　　　　　　　　　（b）

图 10.10　绘制门窗洞线

（a）指定窗洞位置；（b）打开窗洞

命令: <u>TRIM∠</u>

当前设置:投影=UCS，边=延伸

选择剪切边...

选择对象或 <全部选择>: <u>选择外墙线和两根偏移的墙线找到 3 个</u>

选择对象: <u>↙</u>

选择要修剪的对象，或按住 Shift 键选择要延伸的对象，或

[栏选(F)/窗交(C)/投影(P)/边(E)/删除(R)/放弃(U)]: <u>剪去不需要的线</u>

选择要修剪的对象，或按住 Shift 键选择要延伸的对象，或

[栏选(F)/窗交(C)/投影(P)/边(E)/删除(R)/放弃(U)]: <u>↙</u>

如图 10.10（b）所示，继续如上操作，直至完成图 10.11 所示为止。

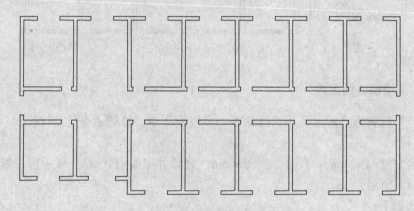

图 10.11　用修剪命令绘制门窗洞线

10.2.3　画门窗

10.2.3.1　创建门窗图块

（1）将"0"层置为当前层，绘制门和标准窗，尺寸如图 10.12 所示。

（2）创建门窗块。将图 10.12 的门窗制作成图块，图块名如图 10.12 所示。

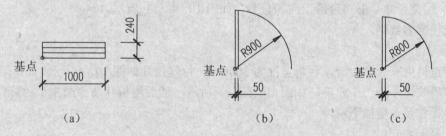

图 10.12　创建门窗图块

（a）C1000；（b）M900；（c）M800

10.2.3.2　插入门窗图块

（1）插入门块。将"门窗"层置为当前层，在指定位置，按 1∶1 的比例插入门块，插入点为墙体厚度的中点。

（2）插入窗块。南北方向的窗尺寸为 1500mm，因此插入的窗块按 X=1.5、Y=1、角度 =0 的设置插入。东西两边的窗尺寸为 1200mm，插入的窗块按 X=1.2、Y=1、角度=90 的设置插入。

插入门窗后的图形如图 10.13 所示。

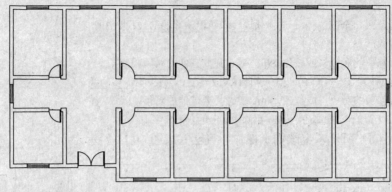

图 10.13　插入门窗块

10.2.4　画楼梯、画台阶

将"细线"层置为当前层，用直线命令、多段线命令、修剪命令绘制楼梯。

1. 画楼梯

楼梯平台宽度=1500mm，台阶宽度=260mm，楼梯井宽度=120mm，扶手栏杆宽度=50mm，如图 10.14（a）所示。

画图步骤如下：

（1）用直线命令画第一个台阶，如图 10.14（b）所示。

（2）用阵列命令画全部台阶。阵列对话框操作：9 行，1 列，行偏移 260，如图 10.14（c）所示。

（3）用直线命令和修剪命令画折断线、画扶手栏板，用修剪命令修改台阶，如图 10.14（d）所示。

（4）用多段线命令画楼梯走向，如图 10.14（e）所示。

（5）用文字命令书写台阶走向和总数，如图 10.14（f）所示。

完成楼梯的绘制。

2. 画台阶

正门进口处有 3 个台阶，台阶宽度为 300mm，位置尺寸如图 10.14 所示。

用多段线命令画一个台阶，如图 10.15（a）所示，然后用偏移命令画 3 个台阶。

命令操作及说明如下：

命令: PLINE↙

指定起点: 拾取凸墙角的点 [图 10.15（b）]

当前线宽为 0.0000

指定下一个点或 [圆弧(A)/半宽(H)/长度(L)/放弃(U)/宽度(W)]: 3360 （方向指向左边，长度=3360mm）

指定下一点或 [圆弧(A)/闭合(C)/半宽(H)/长度(L)/放弃(U)/宽度(W)]: 拾取墙面上的点 [方向指向上边，图 10.14（b），画出第一个台阶]

指定下一点或 [圆弧(A)/闭合(C)/半宽(H)/长度(L)/放弃(U)/宽度(W)]: ↙

命令: OFFSET↙

指定偏移距离或 [通过(T)] <3600.0000>: 300↙ （台阶宽度=300mm）

选择要偏移的对象或 <退出>: 拾取第一个台阶

指定点以确定偏移所在一侧: <u>在第一个台阶外拾取一点</u>（画第二个台阶）

选择要偏移的对象或 <退出>: <u>拾取第二个台阶</u>

选择要偏移的对象或 <退出>: <u>在第二个台阶外拾取一点</u>（画第三个台阶）

选择要偏移的对象或 <退出>: <u>↙</u>

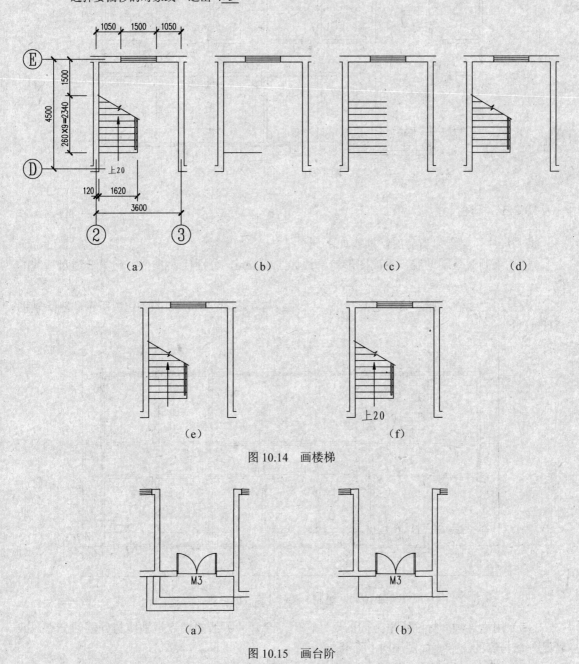

图 10.14 画楼梯

图 10.15 画台阶

10.2.5 书写文字

将"文字"层置为当前层，书写门窗代号等，汉字用 HZ 样式，门窗代号用 DIM 样式，如图 10.16 所示。

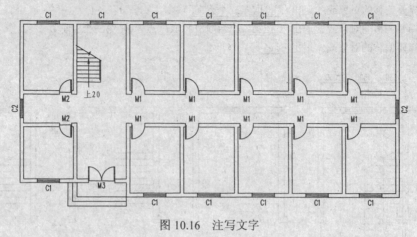

图 10.16　注写文字

10.2.6　标注尺寸

将"尺寸"层置为当前层，操作如下：

（1）绘制 3 条辅助线，距离图形轮廓线为 1200mm，分别代表 3 个方向第一道尺寸线的位置。

（2）用"线性"标注第一道尺寸线。尺寸线与直线 1 平齐，如图 10.17 所示。删除辅助直线 1。

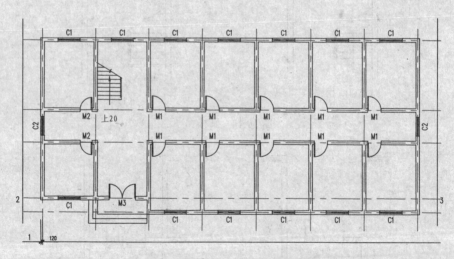

图 10.17　绘制 3 条尺寸标注的辅助线

（3）用"连续"标注水平方向的尺寸，下一个尺寸界线的端点是轴线与外墙的交点，或者是外墙与窗的交点，如图 10.18 所示。

（4）用"基线"和"连续"标注水平方向的平行尺寸。

先标注一个开间的"基线"尺寸，再用"连续"标注其他开间的尺寸。用同样的方法标注水平方向的总尺寸，如图 10.19 所示。

（5）用同样的方法标注东西两边的尺寸，如图 10.20 所示。

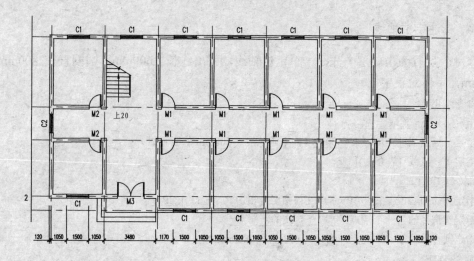

图 10.18 标注细部的连续尺寸

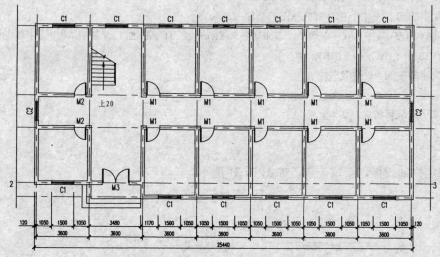

图 10.19 标注水平方向的尺寸

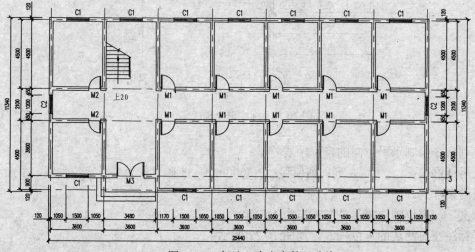

图 10.20 标注 3 个方向的尺寸线

10.2.7 标注定位轴线

将"尺寸"层置为当前层。先画一个定位轴线，引出线长 3600mm，圆圈直径 800mm，字高 500mm，字体对正中。

　　　　命令: LINE↙

　　　　指定第一点: 拾取一点

　　　　指定下一点或 [放弃(U)]: 3600↙（向下画长度=3600mm 的竖直线）

　　　　指定下一点或 [放弃(U)]: ↙

　　　　命令: CIRCLE↙

　　　　指定圆的圆心或 [三点(3P)/两点(2P)/相切、相切、半径(T)]: 2P↙

　　　　指定圆直径的第一个端点: 拾取竖直线的下端点

　　　　指定圆直径的第二个端点: 800↙（圆圈直径=800mm）

　　　　命令: DTEXT↙

　　　　当前文字样式: ZM　当前文字高度: 2.5000

　　　　指定文字的起点或 [对正(J)/样式(S)]: J↙ 输入选项

　　[对齐(A)/调整(F)/中心(C)/中间(M)/右(R)/左上(TL)/中上(TC)/右上(TR)/左中(ML)/正中(MC)/右中(MR)/左下(BL)/中下(BC)/右下(BR)]: MC↙

　　　　指定文字的中间点: 拾取圆心

　　　　指定高度 <2.5000>: 500↙

　　　　指定文字的旋转角度 <0>: ↙

　　　　输入文字: 8↙

　　　　输入文字: ↙

将画好的定位轴线移到指定位置，如图 10.21 所示。

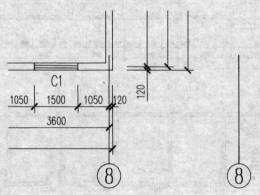

图 10.21　标注定位轴线

用阵列命令绘制水平方向的定位轴线。

阵列对话框操作: 1 行，8 列，列偏移: −3600mm，选择对象为 8 号定位轴线，单击"确定"按钮结束阵列。

修改文字，定位轴线编号从左往右为 1～8。

同样标注左右两边的定位轴线，如图 10.22 所示。

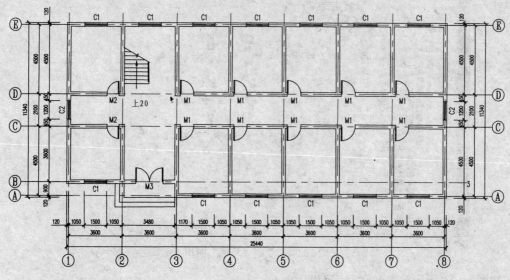

图 10.22　绘制定位轴线

10.2.8　画洁具

将"家具"层置为当前层。

AutoCAD 已将洁具制成图块，用户可以直接复制。

单击"AutoCAD 设计中心"按钮" "，弹出"设计中心"对话框，在左窗格的树状图中，单击 C:\ Program Files\ AutoCAD2004\Sample\DesignCenter\House Designer.dwg 文件，单击"块"，即在右窗格中显示出该文件中的所有图块，如图 10.23 所示。

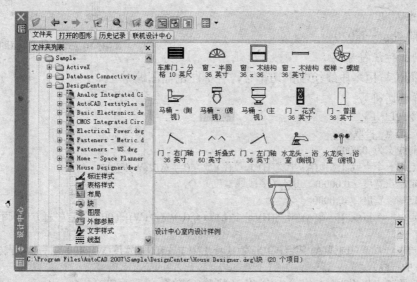

图 10.23　AutoCAD 设计中心

鼠标左键按住"马桶"图块，将它拖到当前图形文件中，再松手，"马桶"即被复制，同样，再复制脸盆。如图 10.24 所示。

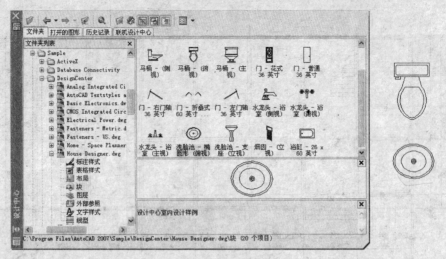

图 10.24　复制"马桶"图块

按图 10.25 所示布置到底层平面图中。

10.2.9　标注标高、画剖面标注符号、画指北针

1.　标高

（1）制作图 10.26（a）所示的标高图块。在 0 层绘制并制作标高符号，标高符号尺寸如图 10.26（a）所示，基点为等腰三角形的顶点，块名为：BG。

（2）将"尺寸"层置为当前层。插入标高符号到平面图中，标注标高数字：

室内：±0.000

室外台阶处：−0.020

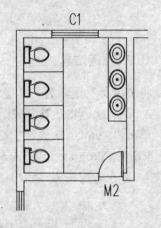

图 10.25　底层平面图中洁具

2.　画剖面标注符号

在楼梯间位置用多段线绘制剖切符号，并标注剖面图编号 1。

（1）画剖切符号。

命令: PLINE↙

指定起点: 拾取一点

当前线宽为 0.0000

指定下一个点或 [圆弧(A)/半宽(H)/长度(L)/放弃(U)/宽度(W)]: W↙

指定起点宽度 <0.0000>: 30↙（多段线宽度）

指定端点宽度 <30.0000>: ↙

指定下一个点或 [圆弧(A)/半宽(H)/长度(L)/放弃(U)/宽度(W)]: 600（指定竖直方向，画长度=600mm 的直线）

指定下一点或 [圆弧(A)/闭合(C)/半宽(H)/长度(L)/放弃(U)/宽度(W)]:400（指定水平方向，画长度=400mm 的直线）

指定下一点或 [圆弧(A)/闭合(C)/半宽(H)/长度(L)/放弃(U)/宽度(W)]: ↙

（2）标注剖面图编号。

命令: TEXT↙

当前文字样式: DIM　当前文字高度: 2.5000

指定文字的起点或 [对正(J)/样式(S)]:

指定高度 <2.5000>:350↙

指定文字的旋转角度 <0>:↙ 屏幕上输入文字 1

（3）画一对剖面符号。

命令: MIRROR↙

选择对象: 选择剖切符号和文字 1 找到 2 个

选择对象: ↙

指定镜像线的第一点: 指定镜像线的第二点:

要删除源对象吗? [是(Y)/否(N)] <N>: ↙

剖面标注符号如图 10.26（b）所示。

3. 画指北针

命令: CIRCLE↙ 指定圆的圆心或 [三点(3P)/两点(2P)/相切、相切、半径(T)]:

指定圆的半径或[直径(D)]<400.0000>: 2400↙

命令: PLINE↙

指定起点: 拾取圆的最高象限点

当前线宽为 0.0000

指定下一个点或 [圆弧(A)/半宽(H)/长度(L)/放弃(U)/宽度(W)]: W↙

指定起点宽度 <300.0000>: 0↙

指定端点宽度 <0.0000>: 300↙

指定下一个点或 [圆弧(A)/半宽(H)/长度(L)/放弃(U)/宽度(W)]: 拾取圆的最低象限点↙

指定下一点或 [圆弧(A)/闭合(C)/半宽(H)/长度(L)/放弃(U)/宽度(W)]: ↙

所画的指北针如图 10.26（c）所示。

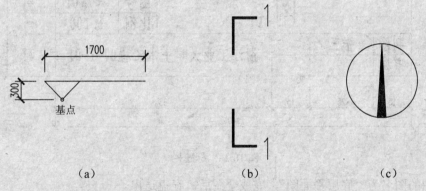

（a） （b） （c）

图 10.26 标注标高、画剖面标注符号、画指北针

（a）标高；（b）剖面标注；（c）指北针

10.2.10 书写图名和比例

书写图名和比例后的平面图如图 10.27 所示。

10.2.11 画图框和标题栏

按照平面图的大小，选择 A3 图纸。A3 图纸的规格为 420mm×297mm，由于施工图是按 1：1 绘制的，因此 A3 的图纸应放大 100 倍，即 42000mm×297000mm。标题栏也相应地放大 100 倍。放大前的标题栏尺寸如图 10.28 所示。

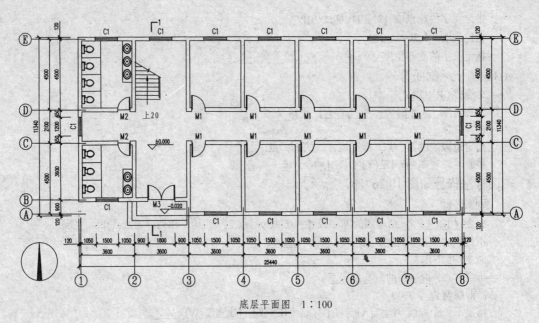

底层平面图　1：100

图 10.27　标准层平面图

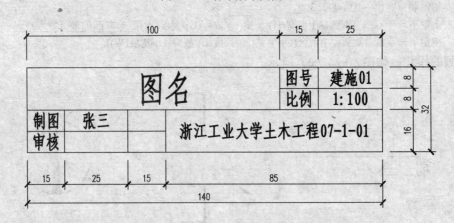

图 10.28　标题栏

　　本张图的图名为"底层平面图"，完成全图后，存盘退出。

　　如果还要绘制其他层的平面图，如"标准层平面图"，可以连同图纸一起，先复制"底层平面图"，然后再根据标准层平面图的不同内容进行修改，此时的图名，包括标题栏的图名为"标准层平面图"，图号也作相应的修改。

10.3　绘制建筑立面图

　　绘制如图 10.29 所示的"南立面图"。

　　建筑立面图的绘图方与步骤与平面图相同。

　　将要绘制的"南立面图"与已完成的"底层平面图"是同一栋建筑物的两个图形，而且比例相同，因此画图时将它们放在一个文件内。

图 10.29 南立面图 (1∶100)

　　打开"施工图/1 号楼/建筑/平立剖面图"，在已画好的"底层平面图"的文件内，画"南立面图"。

10.3.1　画地坪线、定位轴线、外墙轮廓线

　　（1）将"地坪线"层置为当前层，用多段线命令画地坪线。

　　　　命令: PLINE✓

　　　　指定起点: 拾取一点

　　　　当前线宽为 0.0000

　　　　指定下一个点或 [圆弧(A)/半宽(H)/长度(L)/放弃(U)/宽度(W)]: W✓

　　　　指定起点宽度 <0.0000>: 50✓

　　　　指定端点宽度 <50.0000>: ✓

　　　　指定下一个点或 [圆弧(A)/半宽(H)/长度(L)/放弃(U)/宽度(W)]: 29000✓ (地平线的长度=29000mm)

　　　　指定下一点或 [圆弧(A)/闭合(C)/半宽(H)/长度(L)/放弃(U)/宽度(W)]: ✓

　　（2）将"尺寸"层置为当前层，按照平面图中 1 号轴线和 8 号轴线的位置，在地坪线上画定位轴线。

　　（3）将"墙线"层置为当前层，根据平面图中外墙尺寸和立面图中的标高尺寸，画外墙轮廓线。

　　　　命令: RECTANG✓

　　　　指定第一个角点或 [倒角(C)/标高(E)/圆角(F)/厚度(T)/宽度(W)]: 拾取点 1（点 1 在①轴线左边120mm 处）

　　　　指定另一个角点或 [尺寸(D)]: @25440，10650✓（建筑物的外墙尺寸）

　　所画的外墙轮廓线如图 10.30 所示。

图 10.30　画地坪线、定位轴线、外墙轮廓线

10.3.2　画门窗、画台阶

1. 画立面图上的窗

　　（1）创建立面图窗块。将"0"层置为当前层，画立面图上的窗，窗的尺寸如图 10.31（a）所示。将画好的窗在 0 层制作成窗块，块名为"C1500"。

　　（2）插入立面图中的第一扇窗。将"门窗"层置为当前层，按 1：1 的比例插入第一扇窗。第一扇窗的插入点位置如图 10.31（b）所示。水平方向尺寸从平面图中得到，竖直方向上

的尺寸见立面图中的标高。

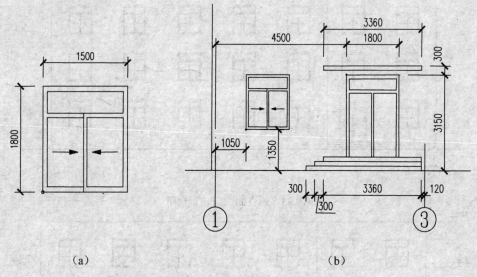

（a）　　　　　　　　　　　　　　　　（b）

图 10.31　画立面图上的窗

（a）立面图窗块；（b）立面图上窗的位置

（3）画立面图上所有的窗。由阵列命令画立面图上所有的窗。

建筑物三层，层高为 3m，7 个房间，开间尺寸 3.6m，因此，"阵列"对话框的设置如图 10.32 所示。

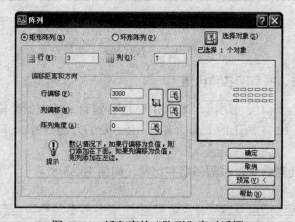

图 10.32　插入窗的"阵列"窗对话框

选择对象为立面窗块 C1500，单击"确定"按钮，完成阵列。

2. 画立面图上的门

正门、雨棚和台阶的尺寸如图 10.31（b）所示。

将正门所在位置的窗删除，根据尺寸，在指定位置画正门、台阶和雨篷。

完成后的立面图如图 10.33 所示。

10.3.3　标注标高

将"尺寸"层置为当前层，插入标高图块，逐个标注标高尺寸，如图 10.34 所示。

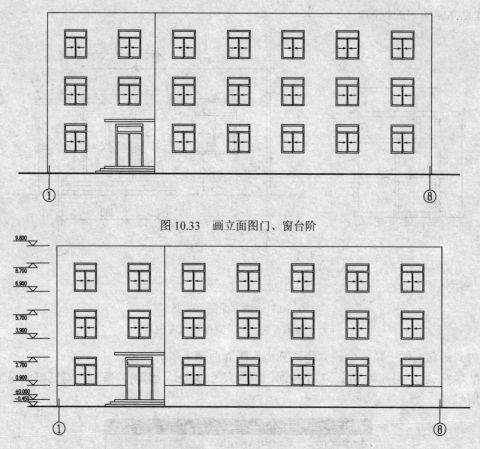

图 10.33　画立面图门、窗台阶

图 10.34　标注标高

10.3.4　图案填充、书写图名和比例

将"图例"层置为当前层，用填充命令 BHATCH 进行外墙立面装修，图案由用户选择，并调整到最佳比例，图 10.35 所选的上部图案为 AR-BRSTD，比例为 3，下部图案为 BRSTONE，比例为 35。

将"文字"层置为当前层，书写图名和比例，如图 10.35 所示。

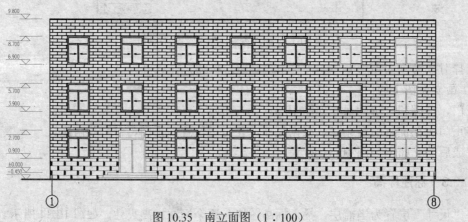

图 10.35　南立面图（1∶100）

与上一张"底层平面图"一样，选择 A3 图纸，画上图框和标题栏，本张图纸的图名为"南立面图"，完成全图后，存盘退出。

还可以绘制其他的立面图，如"北立面图"等。

10.4 绘制建筑剖面图

绘制图 10.36 所示的"1—1 剖面图"。

建筑剖面图的绘图方与步骤与平面图相同。

将要绘制的"1—1 剖面图"与已完成的"底层平面图"、"南立面图"是同一栋建筑物的第三个图形，且比例相同，因此画图时还将它放在上述文件内。

打开"施工图/1 号楼/建筑/平立剖面图"，继续画"1—1 剖面图"。

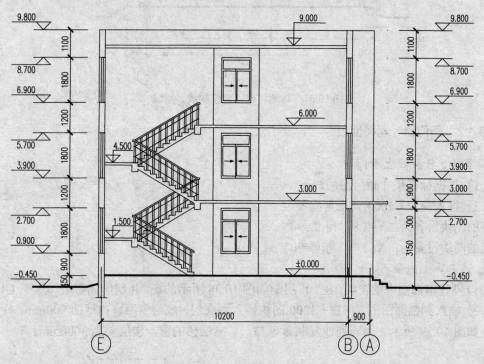

图 10.36　1—1 剖面图（1：100）

10.4.1　画地坪线、定位轴线、墙线

（1）画地坪线。用多段线命令画地坪线，室内标高±0.000m，室外标高-0.450，室外三个台阶。

（2）画定位轴线。图 10.36 中定位轴线为 E、B、A 三根，E、B 间距为 10200mm，B、A 间距为 900mm。

（3）画内、外墙轮廓线。按标高画外墙轮廓线，屋檐线距室内地面 9.8m，距室外地面总高度为 10.25m。走廊净间距为 1860mm。按图示尺寸画内外墙轮廓线，如图 10.37 所示。

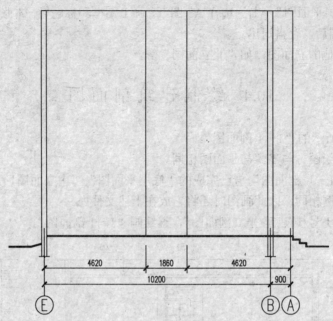

图 10.37　画地坪线、定位轴线、墙线

10.4.2　画门窗、画楼面线

1.　画 E、B 轴线上的门窗

（1）根据标高尺寸画门窗洞线。

（2）插入窗块 C1000 到指定位置。

窗的图块设置为：X=1.8，角度=90°。

门的图块设置为：X=2.7，角度=90°。

2.　画走廊上的窗

（1）创建剖面图中的窗块。在"0"层画如图 10.38 所示的窗，并制作成窗块，块名：C1200。

（2）插入到剖面图中。将窗 C1200 图块插入到底层，底层窗距室内地面 900mm，距走廊正中，如图 10.39 所示。用阵列或复制命令画二、三层楼的窗，楼层层高 3000mm。

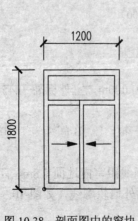

图 10.38　剖面图中的窗块

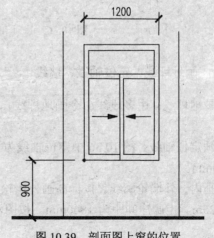

图 10.39　剖面图上窗的位置

3. 画楼面线

按标高尺寸画楼面线，楼板厚度 100mm，完成后如图 10.40 所示。

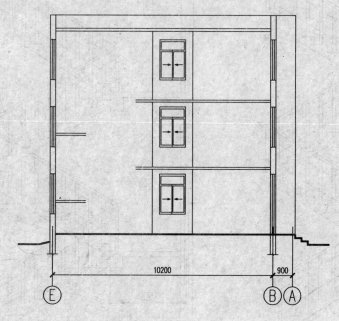

图 10.40   画窗、楼面线

10.4.3   画楼梯

楼梯由踏步和扶手组成，画图步骤如下：

（1）画一个踏步，尺寸如图 10.41（a）所示，踏宽为 260mm，踏高为 150mm，踏板厚为 100mm，扶手高为 900mm，用直线命令绘制。

（2）画第一个楼梯段。用复制命令复制 10 个踏步，如图 10.41（b）所示。

（3）画两个楼梯段。用复制和镜像命令向上画第二个楼梯段，并根据其可见性进行修剪，如图 10.41（c）所示。

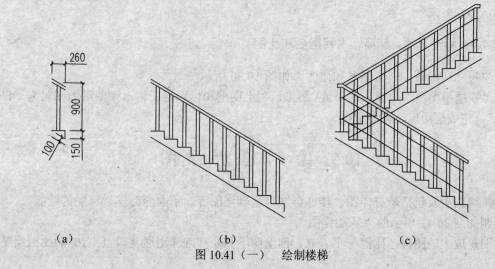

（a）   （b）   （c）

图 10.41（一） 绘制楼梯

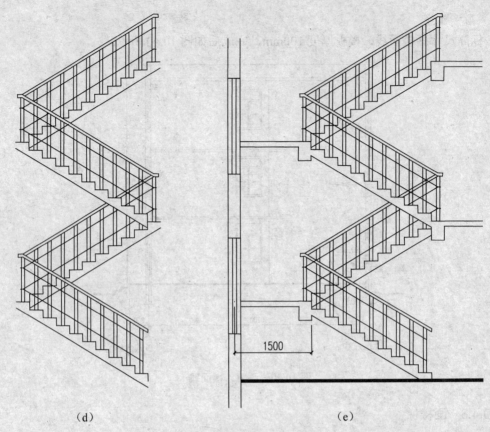

（d）　　　　　　　　　　　　　　　　（e）

图 10.41（二）　绘制楼梯

（a）画一个踏步；（b）画第一个楼梯段；（c）画两个楼梯段；

（d）画四个楼梯段；（e）将该楼梯移到指定的位置

　　（4）画四个楼梯段。用复制命令向上复制二个楼梯段，并根据其可见性进行修剪，如图 10.41（d）所示。

　　（5）楼梯平台宽为 1500mm，将该楼梯移到指定的位置，并用修剪命令修剪细部，如图 10.41（e）所示。

10.4.4　标注尺寸、标高、书写图名和比例

　　标注尺寸和标高，书写图名和比例，如图 10.36 所示。

　　与"底层平面图"一样，选择 A3 图纸，画上图框和标题栏，将本张图纸的图名为"1—1 剖面图"，完成全图后，存盘退出。

10.5　绘 制 建 筑 详 图

　　建筑详图主要包括墙身详图、楼梯详图、基础详图等，下面介绍基础详图的绘制。

　　绘制如图 10.42 所示的"基础详图"。

　　详图是放大的图样，比例与平、立、剖面图不同，基础详图通常以 1∶10 的比例绘制，

因此要另外建立一个文件。

打开图形样板文件"施工图 100 样板文件*.dwt"，另存为用户子目录，文件名为"详图.dwg"。路径：施工图/1 号楼/建筑/详图。

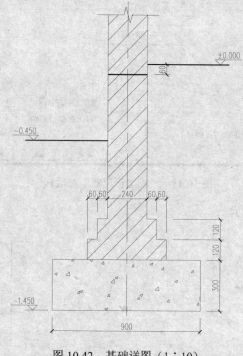

图 10.42　基础详图（1∶10）

10.5.1　创建尺寸标注样式

以"DIM10"作为基础样式，创建"DIM10"的标注样式，单击"继续"按钮。弹出"新建标注样式：DIM10"对话框，作如下修改。

（1）样式名：DIM10。

（2）直线。尺寸线：基线间距→70；尺寸界线：超出尺寸线→20，起点偏移量→40。

（3）符号和箭头。箭头：第一项→建筑标记，第二个→建筑标记；箭头大小：20。

（4）文字。文字外观：文字样式→DIM，文字高度→35；文字位置：垂直→上方，水平→置中，从尺寸线偏移→5；文字对齐：与尺寸线对齐。

（5）将 DIM10 置为当前。在标注时，如不满意，可调整尺寸样式的设置。

10.5.2　画轴线

将"轴线"层置为当前层，用直线命令画竖直的轴线。

此时的轴线在屏幕上显示为实线，需调整线型比例。

● 下拉菜单"格式"→"线型"。

弹出"线型管理器"对话框，将"全局比例因子"改为 250，如图 10.43 所示。

图 10.43　"线型管理器"对话框

所画轴线如图 10.44 所示。

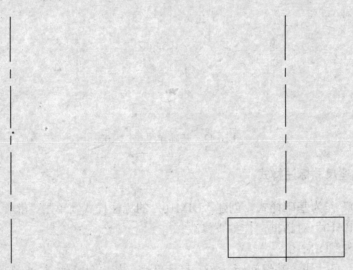

图 10.44　画轴线　　　　　　　　　　　图 10.45　画基础垫层

10.5.3　画基础垫层

将"墙线"层置为当前层，用矩形命令画基础垫层，并移到图 10.45 的位置。

10.5.4　画大放角和基础墙

用直线命令画大放角和基础墙。

　　命令: LINE✓
　　指定第一点: 240✓ （拾取垫层上面的中点，将鼠标指向左边，输入数据）
　　指定下一点或 [放弃(U)]: 120✓ （将鼠标指向上面，输入数据）
　　指定下一点或 [放弃(U)]: 60✓ （将鼠标指向右边，输入数据）.
　　指定下一点或 [闭合(C)/放弃(U)]: 120✓ （将鼠标指向上面，输入数据）

   指定下一点或 [闭合(C)/放弃(U)]: 60↙（将鼠标指向右边，输入数据）

   指定下一点或 [闭合(C)/放弃(U)]: 1250↙（将鼠标指向上面，输入数据。1250 由测算得到，基础墙线的长度应大于 1450mm，在室内地面线±0.000 以上。）

   指定下一点或 [闭合(C)/放弃(U)]: ↙

   命令: MIRROR↙

   选择对象: 指定对角点: 选择所画的大放角和基础墙　找到 5 个

   选择对象: ↙

   指定镜像线的第一点: 拾取轴线上的一点指定镜像线的第二点: 拾取轴线上的另一点

   是否删除源对象? [是(Y)/否(N)] <N>: ↙

如图 10.46 所示。

10.5.5　画防潮层和基础折断线

1. 画防潮层

用多段线在指定位置画防潮层，线宽为 5mm。

   命令: PLINE↙

   指定起点: 拾取一点

   当前线宽为 0.0000

   指定下一个点或 [圆弧(A)/半宽(H)/长度(L)/放弃(U)/宽度(W)]: W↙

   指定起点宽度 <0.0000>: 5↙

   指定端点宽度 <5.0000>: ↙

   指定下一个点或 [圆弧(A)/半宽(H)/长度(L)/放弃(U)/宽度(W)]: 240↙

   指定下一点或 [圆弧(A)/闭合(C)/半宽(H)/长度(L)/放弃(U)/宽度(W)]: ↙

将多段线移到墙体中间，距基础垫层底部 1450mm 处。

2. 画基础折断线

用直线命令在墙身顶部画基础折断线，如图 10.47 所示。

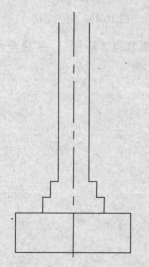
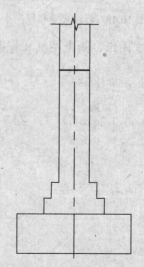

图 10.46　画大放角和基础墙　　　　　图 10.47　画防潮层和基础折断线

10.5.6　标注尺寸和标高

将"尺寸"层置为当前层。按尺寸在指定位置标注尺寸和标高，如图 10.48 所示。

（1）按 DIM10 尺寸样式进行标注。

（2）标高符号可调用"底层平面图"中创建的"GB"图块，到 AutoCAD 设计中心去复制。

10.5.7　图案填充、书写图名和比例

将"图例"层置为当前层，大放角和基础墙选择 ANSI31 图案样例，比例为 20。垫层选择 AR－CONC 样例，比例为 1。

将"文字"层置为当前层，书写图名和比例，完成全图，如图 10.49 所示。

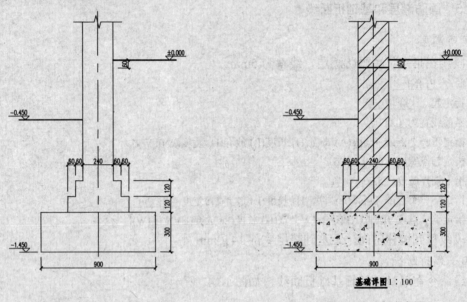

图 10.48　标注尺寸和标高　　　　　　　图 10.49　完成全图

选择 A3 图纸，画上图框和标题栏，将本张图纸的图名为"详图"，完成全图后，存盘退出。

第 11 章　三　维　造　型

在三维空间中观察对象可以得到一种真实感，可以帮助用户熟悉概念，从而更有利于用户的设计决策。使用三维对象也有助于用户与不熟悉的平面图、立面图之间交流设计思想。三维作图的另一个优点是可以从三维模型中得到二维图形，使二维绘图节省许多时间。例如，我们可以制作一个建筑模型，然后使用本章介绍的技术，很快便得到其平面图和各个立面图。

AutoCAD 提供了两种交流三维模型的方法：表面建模（surface modeling）与实体建模（solid modeling）。本教材将介绍表面建模的方法。

表面模型使用了两种类型的对象，一种称作三维面（3D Face），另一种是用户在前面学过的标准的 AutoCAD 对象集，只是稍微有点变化，用户用改变对象厚度的方法就可以建立三维面，使用这些面以及某些三维编辑工具，就可以建立用户所需要的真正的三维图形。

本章将使用 AutoCAD 的三维功能，从各个角度来观察宿舍楼的标准层平面。

11.1　生　成　三　维　图　形

我们已经知道，AutoCAD 的对象具有颜色、线型、线宽和图层等一些可以进行设置的属性，它的另一个属性厚度（thickness），用于将二维对象变成三维模型。例如，要画一个立方体，首先画一个正方形，然后把正方形的厚度改为大于零的值，这个厚度属性就给出了 Z 坐标，如图 11.1 所示。可以想象一下，屏幕作图区就是绘图平面，那么这个面的坐标就是 0，大于 0 的 Z 坐标就在这个面的前方，更靠近我们的位置上。

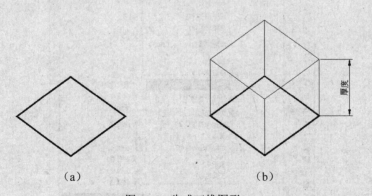

（a）　　　　　　　　　　　　（b）

图 11.1　生成三维图形

（a）用线画出正方形；（b）线拉伸成的正方形

11.2　将二维平面转换为三维模型

通过修改墙线的属性，将前面绘制的二维平面施工图转换为三维图形，操作步骤如下。

1. 文件另存

启动 AutoCAD，打开"施工图/1 号楼/建筑/平立剖面图"文件，选择除"底层平面图"外的对象，将它们删除，将"墙线"置为当前图层，删除"墙线"图层外的所有对象，只保留墙线，如图 11.2 所示，另存为"施工图/1 号楼/三维建筑模型"。

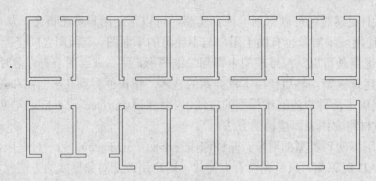

图 11.2　模型的平面图

2. 选择三维视图

输入命令：

● 　下拉菜单："视图"→"三维视图"→"西南等轴测"。如图 11.3 所示。

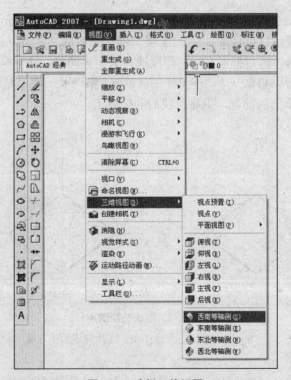

图 11.3　选择三维视图

此时的视图就好像是用户站在图的左下方观察，如图 11.4 所示，UCS 标记显示出新的观察方向。

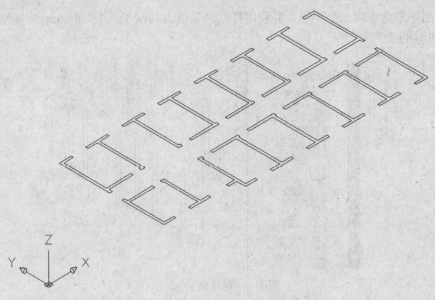

图 11.4 选择西南等轴测

3．画墙体

（1）选择墙体。

（2）输入命令：

● 单击标准工具栏按钮"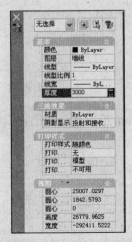"。

弹出"特性"选项板，如图 11.5 所示。

（3）在"特性"对话框中，找到"厚度"选项，输入"3000"，屏幕显示墙体的高度为 3000mm，如图 11.6 所示，可以看到拉伸后的墙线。由于这是一个线框视图（wireframe view），因此可以看穿墙壁。线框视图通过各个面的交线来表示一个三维对象。下面将介绍如何使对象的表面变得不透明，以便某个特定的视点上得到效果更好的视图。

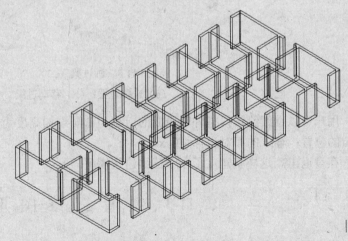

图 11.5 "特性"选项板　　　　图 11.6 拉伸后的墙体

4．画窗过梁

（1）用缩放命令放大南立面左边的第一个开间。

（2）用矩形命令画一个矩形，并利用特性对话框为其赋予一个 300mm 的厚度，表示窗的过梁，如图 11.7 所示。

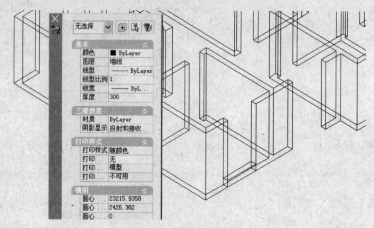

图 11.7　画过梁（一）

（3）单击此带厚度的矩形，并选择其上表面的其中一个界标点，如图 11.8（a）所示，输入"移动"命令，将矩形梁移动到 2700mm 处，并和墙壁对齐，如图 11.8（b）所示。

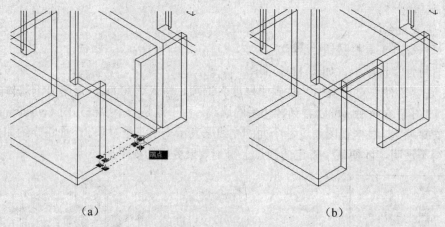

（a）　　　　　　　　　　　　　　　　　（b）

图 11.8　画过梁（二）

（a）选择过梁；（b）移动过梁

用户可以继续给该模型外墙表面的门洞和窗洞添加高度为 300mm 的过梁，并把它们移到固定的位置，输入的相对坐标是 @x，y，z。

存盘退出。这样就建立了一个三维建筑模型。

11.3　观看三维图形

用户画的第一个三维视图是一个线框（wireframe）视图，它看起来就像一个用线做成的开放式模型，任何一边都不是实体。若对该线框视图进行加工，就可以从任何角度观察该视图。

在三维空间工作时，需要显示几种不同的视图，以方便地查看图形的三维效果。最常用的视点是等轴测视图，用它可以减少视觉上重叠对象的数目。

通过使用几个命令，可以显示平行视图和透视图，以便构造和显示三维模型。通过选定的视点，可以创建新的对象、编辑现有对象、生成隐藏线或着色视图。通过一些命令，可以在三维空间中观看图形。

10.3.1 选择预置三维视图

快速设置视图的方法是选择预定义的三维视图。根据名称或说明选择预定义的标准正交视图和等轴测视图，如图 11.3 所示，这些视图代表常用选项：俯视、仰视、左视、右视、主视和后视，还可以从以下等轴测选项设置视图：西南等轴测、东南等轴测、东北等轴测和西北等轴测。

要理解等轴测视图的表现方式，请想象俯视盒子的顶部，如图 11.9（a）所示。如果朝盒子的左下角移动，可以从西南等轴测视图观察盒子，如图 11.9（b）所示；如果朝盒子的右下角移动，可以从东南等轴测视图观察盒子，如图 11.9（c）所示。

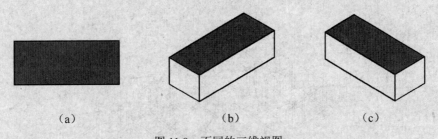

（a）   （b）   （c）

图 11.9　不同的三维视图

（a）俯视；（b）西南等轴测；（c）东南等轴测

11.3.2 交互式地查看平行视图和透视图

通过输入一个点的坐标值或测量两个旋转角度定义观察方向。

此点表示朝原点(0,0,0)观察模型时，用户在三维空间中的位置。视点坐标值相对于世界坐标系，除非修改"WORLDVIEW"系统变量。定义建筑（AEC）设计的标准视图约定与机械设计的相应约定不同。在 AEC 设计中，XY 平面的正交视图是俯视图或平面视图，在机械设计中，XY 平面的正交视图是主视图，如图 11.10 所示。

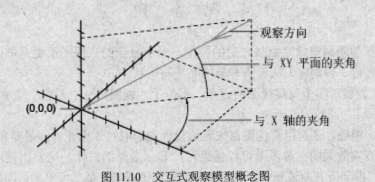

图 11.10　交互式观察模型概念图

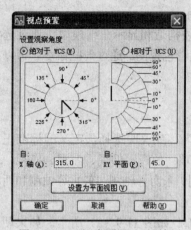

图 11.11　"视点预置"对话框

可以使用"DDVPOINT"旋转视图。图 11.11 显示了由两个相对于 WCS 的 X 轴和 XY 平面的角度所定义的视图。

"Ddvpoint"命令可以通过命令行输入，也可以从"视图"→"三维视图"→"视点预置"命令得到，如图 11.11 所示。

（1）在左边的方形角规中单击 315° 标注处，然后在右边的半圆形上单击标注为 45° 的位置。注意，指针移到了所选的角度上，图形下面的输入框中的内容也变为相应的新数值。

（2）单击"确定"按钮，视图将按照刚才设置的新数值进行相应的变化，如图 11.12 所示。

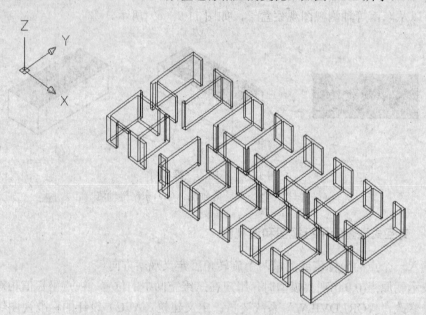

图 11.12　改变视点后的图像

11.4　观　察　模　型

我们一直都想观察消除隐藏线之后的模型，对于复杂的三维图形更是如此，除非将对象放到其他对象之前，否则将无法看清对象的交线与形状。

AutoCAD 提供了多个观察视图的命令，都位于"视图"→"着色"菜单中，如图 11.13 所示。

选择线框、消隐，还是用着色图像来表达设计图形取决于设计者的需要和目的。

创建具有真实效果的三维图形可以帮助用户显示最终的设计，这要比使用线框表示更清楚。在线框中，由于所有的边和素线（用来显示表面的线条）都是可见的，因此很难分辨出是从上方还是从底部观察模型。消隐图像可以更清晰地显示模型，因为它不显示后向面。着色和渲染可以大大增强图像的真实感。

在各类图像中，消隐图像是最简单的，图11.14为消隐后的图像。

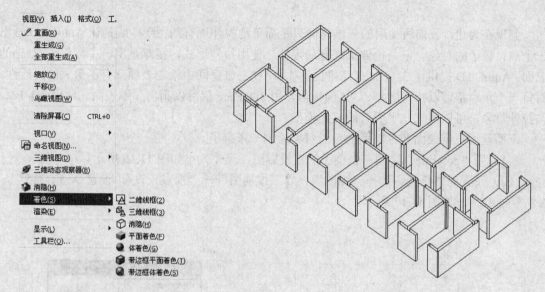

图11.13　下拉菜单"视图"→"着色"　　　　　图11.14　消隐后的图像

着色删除隐藏线并为可见表面指定平面颜色，如图11.15所示。

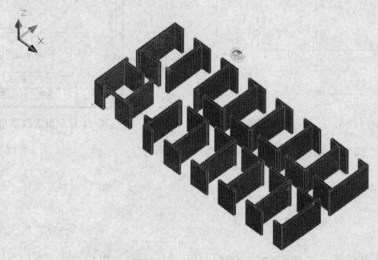

图11.15　着色后的图像

如果有必要，也可以采用渲染模式"视图"→"渲染"为图像获得更好的最终效果。要生成哪种图像，用户需要考虑目的和时间等因素，如果是为了演示，只需要全部渲染。如果时间有限，或者显示器和图形设备不能生成各种等级和颜色，那么就不必精细渲染。如果只需快速查看一下设计的整体效果，那么简单消隐或着色图像就足够了。

要回到原来绘图时的现实状态，可以使用下拉菜单"视图"→"着色"→"二维线框"命令。

本教材中不再深入讲解，如有需要，用户可以寻找相关教材深入学习。

11.5 绘制三维表面

到现在为止，我们所使用的三维功能只是简单地拉伸现有的图形，或是让 AutoCAD 画出一个被拉长了的对象。但是拉伸形式有局限性。使用拉伸形式，很难画出一个倾斜于 Z 轴的表面。AutoCAD 提供了 3D Face（三维面）对象，在三维空间中绘制表面就有了更大的灵活性。对每一个角点都可以指定 X、Y、Z 坐标值，用 3D Face 就可以画出三维表面。使用 3D Face 与拉伸对象，可以建立几乎所有的三维模型。

下面就用三维表面和带厚度的普通对象绘制一张桌子。

（1）用"polyline"绘制一张桌子的正投影图，尺寸大小如图 11.16 所示。

（2）设置观察角度。选择"视图"→"三维视图"→"视点预设"，设置 X 轴 315°，XY 平面 45°，如图 11.17 所示。

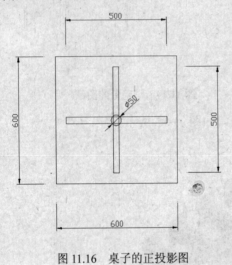

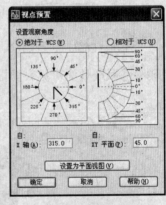

图 11.16 桌子的正投影图　　　　图 11.17 设置观察角度

（3）单击"确定"按钮，屏幕显示如图 11.18 所示。

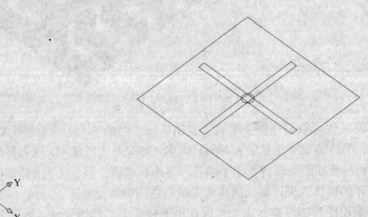

图 11.18 选择视点后的图像

（4）选择"工具"→"特性"，打开"特性"选项板。

（5）选择两个成十字交叉的矩形，将它们的"厚度"选项修改为"30"，如图 11.19 所示。

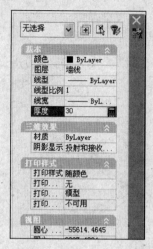
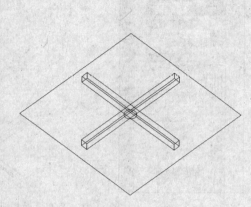

图 11.19　改变十字脚的厚度

（6）选择中心表示立柱的圆形，将"厚度"选项修改为"750"，如图 11.20 所示。

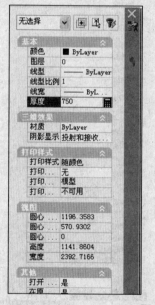
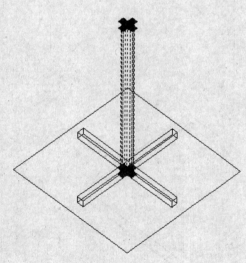

图 11.20　改变立柱的厚度

（7）选择表示桌面的正方形，将"厚度"选项修改为"60"，并将"标高"选项修改为"750"，如图 11.21 所示。

（8）输入"视图"→"着色"→"消隐"命令，我们就得到了如图 11.22 所示的图像。

在消隐之后，这个桌子看起来是透明的，只有桌面的边沿变成了不透明的。要使桌面不透明，可以使用三维表面（3D Face）。三维表面的命令在"绘图"→"曲面——三维面"中，如图 11.23 所示。

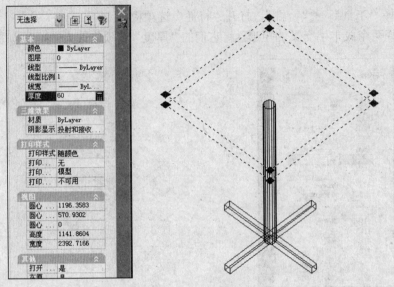

图 11.21　改变桌面的厚度

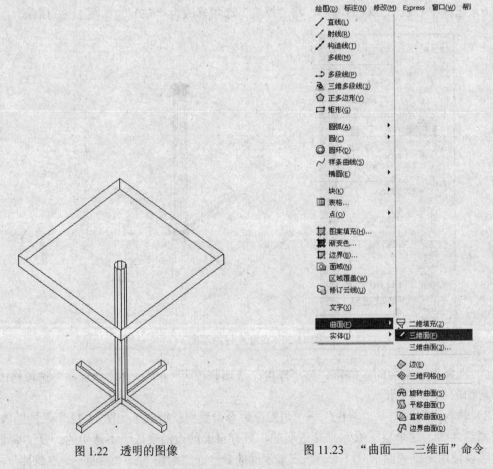

图 1.22　透明的图像　　　　　图 11.23　"曲面——三维面"命令

在选择了"三维面"命令之后，在桌子的表面依次绘制节点，在绘制第四个节点之后，单击鼠标右键结束命令。此时，就获得了如图11.24所示的图像。三维表面必须有4个节点，在绘制的时候有一定的次序，有时可以利用封闭属性的多义线（PLINE），将其转换成为面域（REGION）。作图步骤如下：

（1）选择桌面多义线，并复制一根。

（2）选择"绘图"→"面域"命令。

（3）选择新多义线，将其转换为面域。

（4）将面域移动到合适的位置。

（5）输入"视图"→"三维视图"→"西南等轴测"命令。

（6）输入"视图"→"着色"→"消隐"命令进行观察，如图11.25所示。

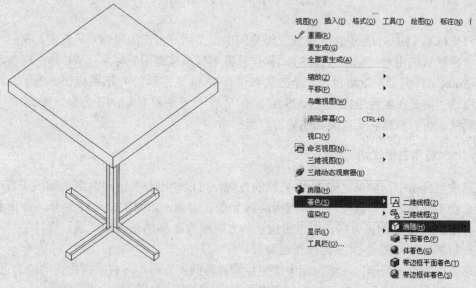

图11.24　不透明的图像　　　　　　　　　图11.25　消隐命令

更多时候其实并不需要为有厚度的线框增加三维表面或面域，因为有厚度的封闭属性下的多义线（PLINE）当输出到其他三维渲染软件中时，可以自动封闭上下表面，而并不需要人工添加三维表面。三维表面只是在AutoCAD中看起来更美观而已，如图11.26所示。

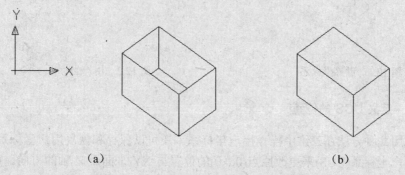

（a）　　　　　　　　　　　　　　（b）

图11.26　CAD输出到3DS MAX的效果

（a）在CAD中的效果；（b）输出到3DS MAX的效果

第 12 章 高级三维造型的方法与应用

AutoCAD 扩展了一组用于三维作图的工具，使用户在建立三维对象时，对形状与方向的限制更少。本章主要讨论这些工具的使用，使用户能够容易地建立三维模型，并在透视模式与正交模式下进行观察。

12.1 用 户 坐 标 系

用户坐标系（UCS）用于在二维或三维空间中定义用户自己的坐标系。其实，我们一直都在使用一种默认的用户坐标系（UCS），称作世界坐标系或通用坐标系（WCS）。现在，我们已经对 AutoCAD 屏幕左下角包含一个方块和带有 X 和 Y 字母的 L 形图标很熟悉了。这个方块表示用户当前是在世界坐标系（WCS）；X 和 Y 表示 X 轴和 Y 轴的正方向。WCS 是一个全局参考系统，可以根据它来定义其他的用户坐标系。

12.1.1 应用右手定则

在三维坐标系中，如果已知 X 和 Y 轴的方向，可以使用右手定则确定 Z 轴的正方向。

将右手手背靠近屏幕放置，大拇指指向 X 轴的正方向。如图 12.2（a）所示，伸出食指和中指，食指指向 Y 轴的正方向。中指所指示的方向即为 Z 轴的正方向。通过旋转手，可以看到 X、Y 和 Z 轴如何随着 UCS 的改变而旋转。

还可以用右手定则确定三维空间中绕坐标轴旋转的正方向。将右手拇指指向轴的正方向，卷曲其余四指，右手四指所指示的方向即轴的正旋转方向，如图 12.2（b）所示。

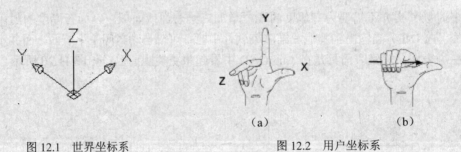

图 12.1 世界坐标系   图 12.2 用户坐标系

12.1.2 定义 UCS 的位置

可以使用几种方法在三维中操作用户坐标系。还可以保存和恢复用户坐标系方向。

定义用户坐标系(UCS)来更改原点(0,0,0)的位置与 XY 平面及 Z 轴的方向。可以在三维空间的任意位置定位和定向 UCS，可以根据需要定义、保存和调用任意数量的 UCS。坐标输入和显示均相对于当前的 UCS。

UCS 在三维空间中尤其有用。将坐标系与现有几何图形对齐比计算出三维点的精确位置要容易得多。通常可以按照以下几种方式定义 UCS：

（1）指定新的原点、新的 XY 平面或新的 Z 轴。

（2）将新 UCS 与现有的对象对齐。

（3）将新 UCS 与当前观察方向对齐。

（4）绕当前 UCS 的任意轴旋转当前 UCS。

1. 定义新的 UCS 原点的步骤

（1）输入命令：下拉菜单"工具"→"新建 UCS"→"原点"。

（2）指定新的原点。

（3）坐标(0,0,0)被重新定义到指定点处。

2. 恢复 WCS 的步骤

（1）输入命令：下拉菜单"工具"→"命名 UCS"。

（2）在"UCS"对话框的"命名 UCS"选项卡中，选择"世界"。

（3）单击"置为当前"按钮。

（4）单击"确定"按钮。

3. 切换 XY 平面的步骤

（1）输入命令：下拉菜单"工具"→"新建 UCS"→"三点"。

（2）指定新 UCS 的原点(1)。如在一幅很大的图形中，可以在要处理的区域附近指定一个新的原点。

（3）指定一点以指示新 UCS 的水平方向 (2)。此点应位于 X 轴的正半轴上。

（4）指定一点以指示新 UCS 的垂直方向 (3)。此点应位于新 Y 轴的正半轴上。此时将切换 UCS 和栅格以表示已指定的 X 轴和 Y 轴，图 12.3 所示。

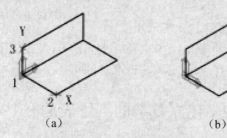

图 12.3　三点确定"UCS"

（a）指定的点；（b）新的 UCS

4. 将新 UCS 与现有的对象对齐的步骤

（1）输入命令：下拉菜单"工具"→"新建 UCS"→"对象"。

（2）在"选择对齐 UCS 对象"提示下，选择需要对齐的物体。

（3）UCS 将会与所选择对象对齐。

5. 将新 UCS 与当前观察方向对齐。

（1）输入命令：下拉菜单"工具"→"新建 UCS"→"视图"。

（2）UCS 将会与当前的观察方向对齐。

6. 绕当前 UCS 的任意轴旋转当前 UCS 的步骤

（1）输入命令"工具"→"新建 UCS"→"X"（或者"Y"，或者"Z"）。

（2）在"指定绕 X 轴的旋转角度 <90>："的提示下，输入需要绕 X 轴（或者 Y 轴，或者 Z 轴）旋转的角度。

（3）UCS 将绕制定的坐标轴旋转相应的角度。

12.1.3　使用 UCS 预置

如果用户不想定义自己的 UCS，可以从几种预置坐系中进行选择，操作步骤如下：

（1）输入命令：下拉菜单"工具"→"正交 UCS"→"正交"（或其他相关内容）。

（2）此方法可以建立相应预设方向的 UCS。

12.1.4　改变默认标高

ELEV命令可在的当前 UCS 的 XY 平面以上或以下为新对象设置默认 Z 值。该值存储在 ELEVATION 系统变量中。

一般情况下，建议将标高设置保留为零，并使用 UCS 命令控制当前 UCS 的 XY 平面。

12.1.5　按名称保存并恢复 UCS 位置

如果要在三维中自如地工作，可以保存命名 UCS 位置，对于不同的构造要求，每个位置具有不同的原点和方向。可以根据需要重定位、保存和调用任意数量的 UCS 方向。使用步骤如下：

（1）输入命令：下拉菜单"工具"→"命名 UCS"。

（2）弹出"UCS"对话框，如图 12.4 所示。

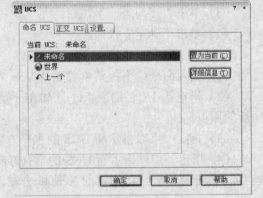

图 12.4　"UCS"对话框

（3）单击"未命名"选项，并修改 UCS 名称，为当前 UCS 设立了一个储存。

（4）需要恢复相应的 UCS 时，只需要双击改名称即可。

12.2　建立复杂的三维表面

曲面建模使用多边形网格创建镶嵌面，由于网格面是平面的，因此网格只能近似于曲面。

若需要进行消隐、着色和渲染功能，因为线框模型无法提供，但又不需要实体模型提供物理特性（质量、体积、重心、惯性矩等），请使用曲面网格。网格常常用于创建不规则的几何图形，如山脉的三维地形模型。

除非使用"HIDE"、"RENDER"或"SHADEMODE"，否则曲面网格都显示为线框形式。使用"REGEN"（使用"HIDE"之后）和"SHADEMODE"可恢复线框显示。

用户可以创建以下几种类型的曲面：

（1）三维面。"3DFACE"创建具有三边或四边的平面。

（2）直纹曲面。"RULESURF"在两条直线或曲线之间创建一个表示直纹曲面的多边形网格。

（3）平移曲面。"TABSURF"创建多边形网格，该网格表示通过指定的方向和距离（称为方向矢量）拉伸直线或曲线（称为路径曲线）定义的常规平移曲面。

（4）旋转曲面。"REVSURF"通过将路径曲线或轮廓（直线、圆、圆弧、椭圆、椭圆弧、闭合多段线、多边形、闭合样条曲线或圆环）绕指定的轴旋转创建一个近似于旋转曲面的多边形网格。

（5）边界定义的曲面。"EDGESURF"创建一个多边形网格，此多边形网格近似于一个由四条邻接边定义的孔斯曲面片网格。孔斯曲面片网格是一个在四条邻接边（这些边可以是普通的空间曲线）之间插入的双三次曲面。

（6）预定义的三维曲面。"3D"命令沿常见几何体（包括长方体、圆锥体、球体、圆环体、楔体和棱锥体）的外表面创建三维多边形网格。

（7）常规曲面网格。"3DMESH"和"PFACE"创建任意造型的三维多边形网格对象。

12.2.1　了解网格构造

网格密度控制曲面上镶嵌面的数目，它由包含 M×N 个顶点的矩阵定义，类似于由行和列组成的栅格。M 和 N 分别指定给定顶点的列和行的位置。网格可以是开放的也可以是闭合的。如果在某个方向上网格的起始边和终止边没有接触，则网格就是开放的，如图 12.5 所示。

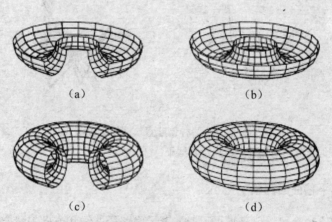

（a）	（b）
（c）	（d）

图 12.5　网格构造

（a）M 开放、N 开放；（b）M 闭合、N 开放；（c）M 开放、N 闭合；（d）M 闭合、N 闭合

创建网格的方法有多种。

12.2.2　创建直纹曲面网格

用"RULESURF"命令，可以在两条直线或曲线之间创建曲面网格。可以使用以下的两个不同的对象定义直纹曲面的边界：直线、点、圆弧、圆、椭圆、椭圆弧、二维多段线、三维多段线或样条曲线。作为直纹曲面网格"轨迹"的两个对象必须都开放或都闭合。点对象可以与开放或闭合对象成对使用，如图 12.6 所示。

可以在闭合曲线上指定任意两点来完成"RULESURF"。对于开放曲线，将基于曲线上指定点的位置构造直纹曲面。图 12.7 为两种创建直纹网络的方法。

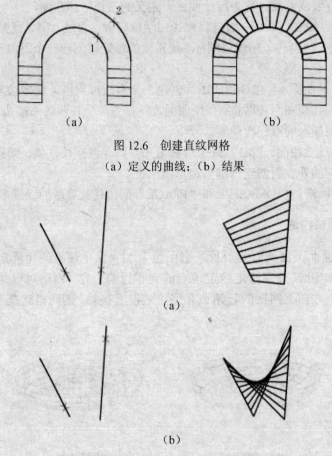

图 12.6　创建直纹网格

（a）定义的曲线；（b）结果

图 12.7　两种创建直纹网格的方法

（a）在边上的相向位置指定点及其结果；（b）在边上的对象位置指定点及其结果

12.2.3　创建平移曲面网格

用"TABSURF"命令可以创建曲面网格，表示由路径曲线和方向矢量定义的基本平移曲面。路径曲线可以是直线、圆弧、圆、椭圆、椭圆弧、二维多段线、三维多段线或样条曲线。方向矢量可以是直线，也可以是开放的二维或三维多段线。可以将使用"TABSURF"命令创建的网格看作是指定路径上的一系列平行多边形。必须事先绘制原对象和方向矢量，如图 12.8 所示。

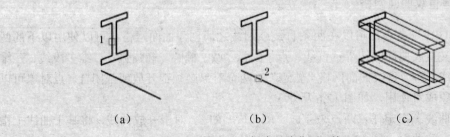

图 12.8　创建平移曲面网格

（a）指定的对象；（b）指定的方向矢量；（c）结果

12.2.4　创建旋转曲面网格

用"REVSURF"命令通过绕轴旋转对象的配置来创建旋转曲面，也称为旋转的曲面。"REVSURF"命令适用于对称旋转的曲面，如图 12.9 所示。该配置称为路径曲线，它可以是直线、圆、圆弧、椭圆、椭圆弧、多段线、样条曲线、闭合多段线、多边形、闭合样条曲线或圆环的任意组合。

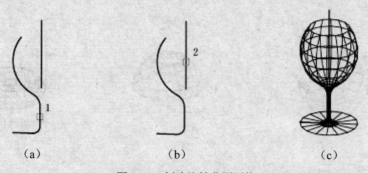

图 12.9　创建旋转曲面网格

（a）指定的轮廓；（b）指定的旋转轴；（c）结果

12.2.5　创建边界定义的曲面网格

用"EDGESURF"命令，可以通过称为边界的四个对象创建孔斯曲面片网格，如图 12.10 所示。边界可以是圆弧、直线、多段线、样条曲线和椭圆弧，并且必须形成闭合环和共享端点。孔斯片是插在四个边界间的双三次曲面，一条 M 方向上的曲线和一条 N 方向上的曲线。

注意：在创建面片网格的时候，需要保证 1 和 3，以及 2 和 4 边的节点数的相同，否则无法创建曲面网格。

图 12.10　创建边界定义的曲面网格

（a）选定的四个边界；（b）结果

12.2.6　创建预定义的三维曲面网格

三维命令可以创建以下三维造型：长方体、圆锥体、下半球面、上半球面、网格、棱锥面、球体、圆环和楔体，这些对象都可以通过下拉菜单"绘图"→"曲面"→"三维曲面"来绘制。在图 12.11 中，数字表示创建网格需要指定的点的数目。

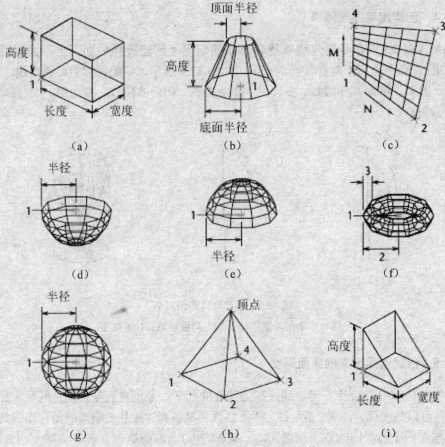

图 12.11   创建预定义的三维曲面网格

12.2.7   创建矩形网格

使用 "3DMESH" 命令可以在 M 和 N 方向（类似于 XY 平面的 X 轴和 Y 轴）上创建开放的多边形网格。可以使用 "PEDIT" 命令闭合网格。可以使用 "3DMESH" 命令构造极不规则的曲面，如图 12.12 所示。

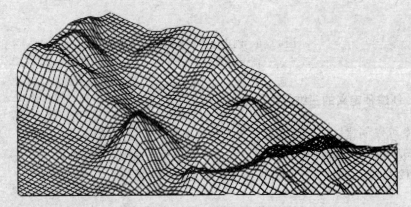

图 12.12   创建矩形网格

命令行中输入每个顶点的坐标值可以创建网格，如图 12.13 所示。

命令: 3dmesh

M 方向网格数目: 4

N 方向网格数目: 3

顶点 (0, 0): 10,1, 3

顶点 (0, 1): 10, 5, 5

顶点 (0, 2): 10,10, 3

顶点 (1, 0): 15,1, 0

顶点 (1, 1): 15, 5, 0

顶点 (1, 2): 15,10, 0

顶点 (2, 0): 20,1, 0

顶点 (2, 1): 20, 5, 1

顶点 (2, 2): 20,10 ,0

顶点 (3, 0): 25,1, 0

顶点 (3, 1): 25, 5, 0

顶点 (3, 2): 25,10, 0

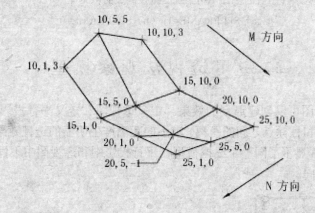

图 12.13　输入坐标创建网格

12.2.8　创建多面网格

"PFACE"命令用于创建多面（多边形）网格，每个面可以有多个顶点。通常情况下，通过应用程序而不是用户直接输入来使用"PFACE"命令。

创建多面网格与创建矩形网格类似。要创建多面网格，首先要指定其顶点坐标，然后通过输入每个面的所有顶点的顶点号来定义每个面。创建多面网格时，可以将特定的边设置为不可见，指定边所属的图层或颜色。

要使边不可见，请输入负数值的顶点号。如在图 12.14 中要使顶点 5 和 7 之间的边不可

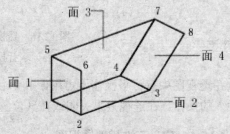

图 12.14　创建多面网格

见，可以输入：

　　　　面 3, 顶点 3: −7

　　在图 12.14 中，顶点 1、5、6 和 2 定义面 1，顶点 1、4、3 和 2 定义面 2，顶点 1、4、7 和 5 定义面 3，顶点 3、4、7 和 8 定义面 4。

　　可以使用"SPLFRAME"系统变量控制不可见边的显示。如果"SPLFRAME"系统变量设置为非零值，则不可见边变为可见边，且可以编辑。如果"SPLFRAME"系统变量设置为 0，则不显示不可见边，如图 12.15 所示。

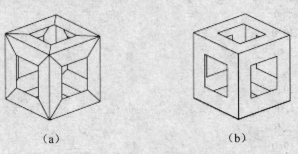

　　　　（a）　　　　　　　　　　　（b）

图 12.15　用系统变量控制边的可见性
（a）SPLFRAME=1；（b）SPLFRAME=0

12.3　用透视法观察模型

　　定义模型的透视图可以创建逼真的效果。定义透视图和定义平行投影之间的差别是：透视图取决于理论相机和目标点之间的距离。较小的距离产生明显的透视效果，较大的距离产生轻微的效果。图 12.16 显示了同一个线框模型在平行投影中和透视图中不同的表现方式。两者都基于相同的观察方向。

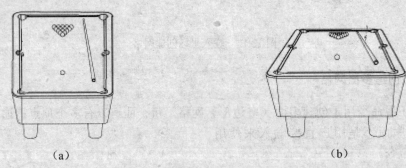

　　　　（a）　　　　　　　　　　　　　　　　（b）

图 12.16　透视图中不同的表现方式
（a）平行投影；（b）透视投影

　　在透视图中有许多操作不可用，其中包括平移和缩放以及需要使用对象捕捉或从定点设备输入的操作。在透视效果关闭或在其位置定义新视图之前，透视图将一直保持其效果。

12.3.1　定义三维模型透视图

　　（1）输入命令：DVIEW。

（2）选择要显示的对象。

（3）输入"ca"（相机）。默认情况下，相机点设置在图形的中心。

（4）按照调整相机的方式调整视图。房间的表示将显示当前的观察角度。通过移动十字光标并单击，可以动态设置视图。

（5）要在角度输入法之间进行切换，请输入"t"（切换角度）。还可以使用以下两种角度输入法之一调整视图。

1）在"输入与 XY 平面的夹角"选项中，输入相机与当前 UCS 的 XY 平面所成的上方或下方角度。默认设置为 90°，从上向下指向相机。

2）输入角度后，相机将在指定高度处锁定，可以绕目标以基于当前 UCS 的 X 轴测量的旋转角度旋转相机。

3）在"输入 XY 平面中与 X 轴的夹角"选项中，以与当前 UCS 的 X 轴所成角度绕目标旋转相机。

（6）要打开透视图，请输入"d"（距离）。

（7）指定距离，或按 Enter 键设置透视图。

可以使用滑块设置选定对象和相机之间的距离，或输入实际数字。如果目标和相机点距离非常近（或将"缩放"选项设置为高），可能只会看到一小部分图形。

12.3.2　关闭透视图

（1）输入命令：DVIEW。

（2）选择要显示的对象。

（3）输入"O"（关）。

将关闭透视效果，视图恢复为平行投影。

12.4　用三维造型做建筑模型

打开文件"施工图/1 号楼/三维建筑模型"。

● 　输入命令：下拉菜单"视图"→"三维视图"→"视点预设"。

弹出"视点预置"对话框，设置 X 轴为 225°，XY 平面为 45°，如图 12.17 所示。

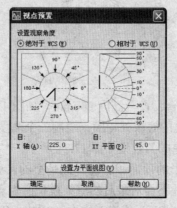

图 12.17　视点预置

屏幕显示的图像如图 12.18 所示。

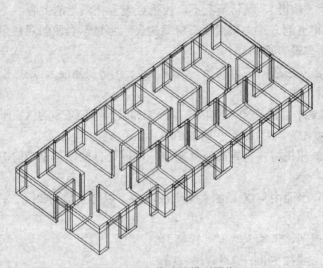

图 12.18   三维建筑模型图像

开始画模型，步骤如下：

（1）重新画外墙。图 12.18 中有大量的内墙，这在绘制效果图的过程中是不需要的，用户只需要建立外墙的模型，内墙除非有表现的必要，否则不需要专门建立。用户可以用"PLINE"命令重新勾描外墙，并设置 3000mm 的高度，然后删除内墙，使模型变得整洁，如图 12.19 所示。

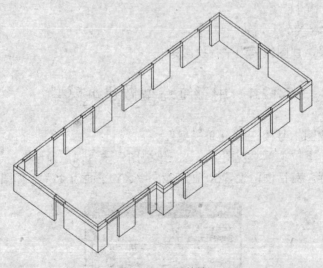

图 12.19   画外墙

（2）以同样的方法建立窗台。窗台高度 900mm，如图 12.20 所示。

（3）用 PLINE 线勾描建筑的底板外轮廓，绘制一个高度为 450mm 的基础，并将其安装在合适的位置上。消隐之后，完成的效果如图 12.21 所示。

看起来是准确的，只是矩形的顶面和底面好像是空的，就像我们做的桌子一样。如果用户使用了封闭的 PLINE 建模，并不会对最后的渲染模型产生影响。但是如果对 CAD 中的效果要求比较高，可以用面域（REGION）或者三维面（3DFACE）对顶面和底面进行处理。

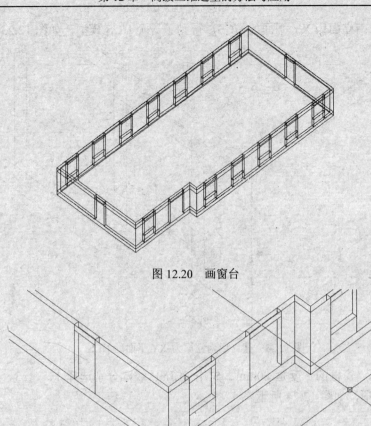

图 12.20   画窗台

图 12.21   画基础

（4）完成了梁底面和窗台顶面的封面处理之后，我们得到了这样的相对理想的效果。

（5）输入命令："视图" → "着色" → "二维线框"，使模型重新显示二维线框模式。

（6）输入命令："工具" → "新建 UCS" → "三点"，选择图 12.22 中的 1、2、3 点。

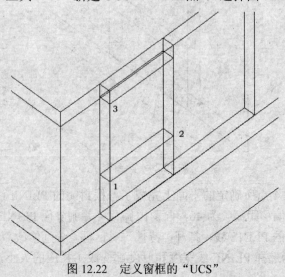

图 12.22   定义窗框的 "UCS"

（7）建立以南立面为 XY 平面的 UCS，得到了一个 UCS 模型，如图 12.23 所示。

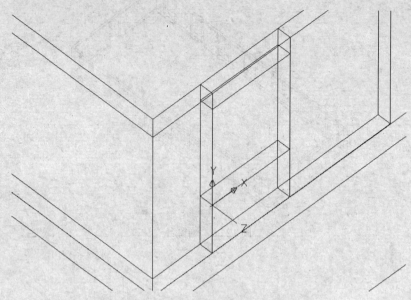

图 12.23　建立以南立面为 XY 平面的 UCS

（8）画窗框。窗框的宽度是 80mm。先用 PLINE 线，分别选择 1、2、3、4 点，并选择"闭合（C）"选项，如图 12.24 所示。

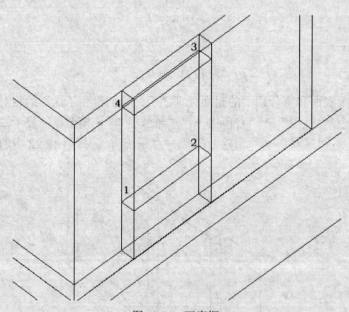

图 12.24　画窗框

（9）在 1、2、3、4 点所确定的平面上完成了一根封闭的 PLINE 线。然后用"修改"→"偏移"命令，指定"偏移距离"为 40，向窗内偏移，并删除原 PLINE 线，如图 12.25 所示。

（10）选择新绘制的 PLINE 线，打开"特性"对话框。分别修改"厚度"参数为 80，"全局宽度"参数为 80，所选择 PLINE 线宽度和厚度都变成了相应的大小，如图 12.26 所示。

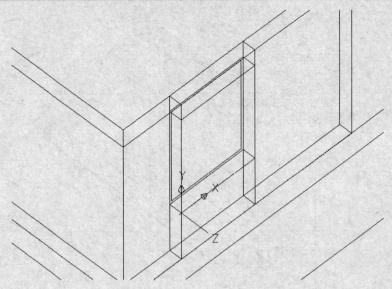

图 12.25　绘制窗框 PLINE 线

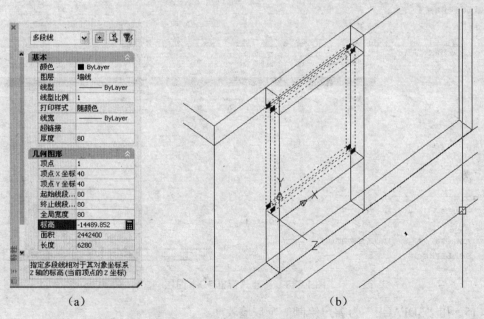

（a）　　　　　　　　　　　　　　　　　（b）

图 12.26　修改窗框宽度和厚度

（11）再在此 UCS 确定的平面下，绘制一根水平向的 PLINE 线，作为窗框的横档。选择的点为 1、2。并将"厚度"和"全局宽度"参数同样设置成 80。然后将其向 Y 方向移动 1200 的距离，如图 12.27 所示。

（12）用同样的方法连接横档和下窗框的中点。

到此为止，我们建立了第一个窗户的窗框。

（13）打开"图层"对话框，新建"窗框 3D"图层，并将其颜色设置成为黄色，如图 12.28 所示。

（14）选择刚才创建的 PLINE 线，并将其分配到"窗框 3D"图层中。

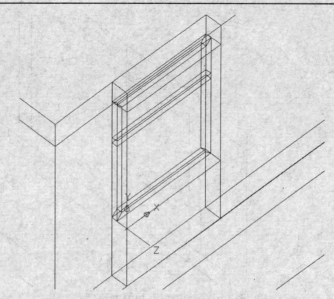

图 12.27　横档完成后效果

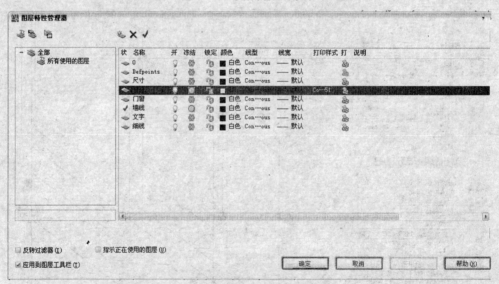

图 12.28　新建 "窗框 3D" 图层

（15）用 "3DFACE" 为窗户绘制一个玻璃表面。

1）输入命令："绘图"→"曲面"→"三维面"

2）选择刚才的 1、2、3、4 点，创建一个三维面。

3）建立一个 "玻璃 3D" 图层，并设置成蓝色，并将最后创建的三维面分配到 "玻璃 3D" 中。如图 12.29 所示为一个窗户的模型。

（16）输入命令："工具"→"新建 UCS"→"世界"，将 UCS 重新设置成世界坐标系。

（17）选择刚才创建的窗户，将其复制到其他适合的位置，如图 12.30 所示。实际画图时只要为需要的表面建立线框模型，北面看不到的面并不需要建立。

（18）以同样的方法建立门。先设置 UCS，将 XY 平面设定在南立面上，然后用 "PLINE" 命令画门框，完成后，重新将 UCS 调整为世界坐标系，效果如图 12.31 所示。

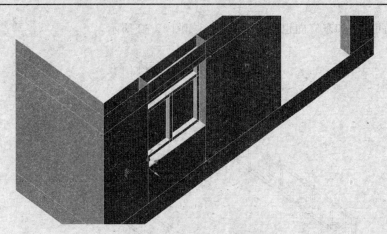

图 12.29　一个窗户的模型

图 12.30　复制全部窗户

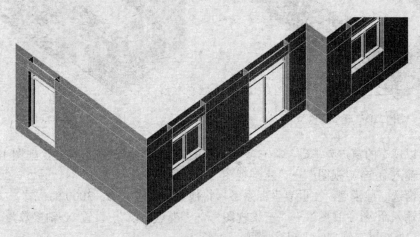

图 12.31　建门

（19）为西立面和东立面也建立一扇门，如图 12.32 所示。

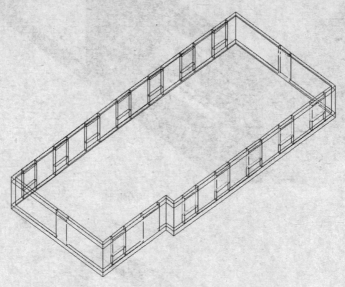

图 12.32　为西立面和东立面建门

（20）用一层平面建立 2、3 层模型。

选择一层所有的对象，将它们复制到@0，0，3000 的位置。只是门上部是一扇窗户，需要修改，如图 12.33 和图 12.34 所示。

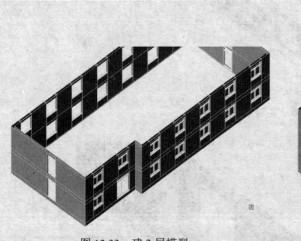

图 12.33　建 2 层模型

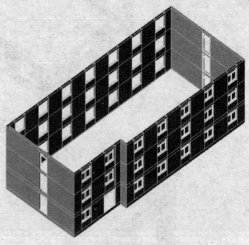

图 12.35　建 3 层模型

（21）以现有的窗户为基础，将它复制到门的上部，并修改洞口尺寸，如图 12.35 所示。

（22）输入命令："视图"→"三维视图"→"主视图"。

（23）窗选二层模型，在世界坐标系下，将他复制到@0，0，3000 的位置。

（24）输入命令："视图"→"三维视图"→"视点预设"，设置 X 轴参数为 225°，XY 参数为 45°。重新以三维方向来观察模型。

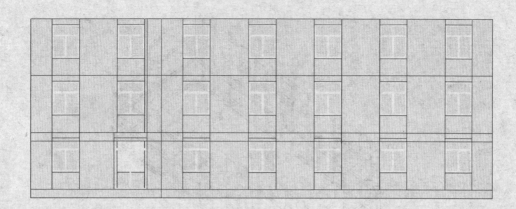

图 12.35　主视图

（25）用"绘图"→"曲面"→"三维面"命令为屋顶封面。选择捕捉点为内墙内表面点，如图 12.36 所示。

图 12.36　为屋顶封面

（26）用 PLINE 线为房子建立女儿墙。选择外墙外表面作为捕捉点，分别选择 1、2、3、4、5、6 节点，如图 12.37 所示。

（27）用建立窗框同样的方法，绘制女儿墙，女儿墙的高度是 800，如图 12.38 所示，完成建模。

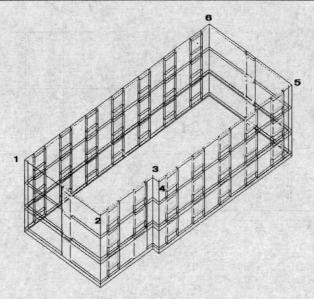

图 12.37　建立女儿墙

图 12.38　完成建模

第13章 图形输出与打印

图形绘制完成以后，我们可以将图形文件输出为其他格式的图形文件，以供其他软件调用。同样也可将图形文件打印，输出为图纸。图形需要使用打印设备打印出来，打印设备包括绘图仪和打印机。AutoCAD 可以与不同品牌、不同型号的常见绘图仪和打印机行连接，绘制出高质量的图纸。在打印图形时，用户只要注意打印图纸和图形比例之间的关系以及相关设置，打印出的图纸就能完全、真实地反映图形的内容。打印图纸前需要做一系列的准备工作，包括设置布局、创建图纸集、最终的打印设置等。

13.1 模型与布局

图形输出可以在模型空间进行，也可以在布局（图纸空间）中进行。AutoCAD 2007 中模型空间和布局空间这两个不同的工作环境，分别用"模型"和"布局"两个图形按钮进行切换，按钮位于绘图区域底部位置，如图 13.1 所示。

图 13.1 模型与布局

13.1.1 模型

模型空间用于绘制二维或三维图形。画图时用户不必考虑图形比例和图纸大小，通常直接按照 1∶1 的比例绘制图形，并用适当的比例创建文字、标注和其他注释，以便在打印图形时正确显示其大小。

如果从模型空间中绘制和打印图形，必须在打印前为注释对象应用一个比例因子。在模型空间中进行绘制之前，需要首先确定要使用的测量单位（图形单位）。确定屏幕上每种单位所表示的实际测量单位，如英尺、毫米、千米或其他测量单位。例如，要绘制发动机零件，可将一个图形单位确定为 1mm；绘制地图时将一个单位设置为 1km。确定图形单位以后，还需要指定图形单位的显示形式，以显示图形单位，包括单位类型和精度。例如，数值 14.5 可以显示为 14.5、14 1/2 或者 14 1/2″。

选择下拉菜单"格式"→"单位"命令，打开"图形单位"对话框，如图 13.2 所示。在对话框中设置图形的单位值，同时会在底部"输出样例"区中显示当前设置的样例。

图 13.2   "图形单位"对话框

13.1.2 布局

布局也称图纸空间，是图纸的工作环境，主要用于排版图形。它是一个二维空间，用户可以在这里指定图纸大小、添加标题栏、显示模型的多个视图及创建图形标注和注释。

通常用户在模型空间中绘制图形，然后在"布局"中进行打印准备。图形窗口底部都会有一个"模型"按钮和一个或多个"布局"按钮，默认情况下是两个布局按钮。若使用图形样板或打开现有图形，图形中的"布局"按钮可能以不同的名称命名。但要注意，一个图形文件可以包含多个布局名称，但只有一个默认的建模选项，而且它不能被用户重新命名。

图形无论是从模型空间输出，还是从布局（图纸空间）输出，都要通过"打印"对话框来操作。

13.2   准备要打印和发布的图形

用户可以使用"页面设置管理器"对话框，将一个命名页面设置应用到多个布局，也可以从其他图形中输入命名页面设置，并将其应用到当前图形的布局中。在"模型"中绘制完图形后，通过单击"布局"按钮创建要打印的布局。首次单击"布局"时，页面上将显示单一视口，虚线表示图纸中当前配置的图纸尺寸和绘图仪的可打印区域。

选择下拉菜单"文件"→"页面设置管理器"命令，打开"页面设置管理器"对话框，如图 13.3 所示。默认情况下，每个初始化的布局都有一个与其相关联的页面设置。单击"修改"按钮，打开"页面设置－模型"对话框，如图 13.4 所示。

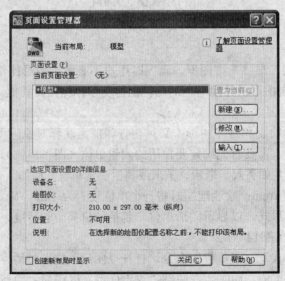

图 13.3   "页面设置管理器"对话框

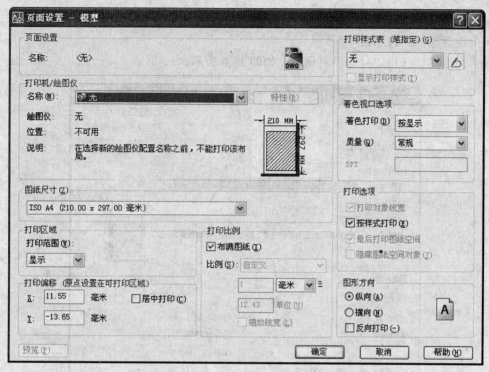

图 13.4 "页面设置"对话框

用户也可以创建新的命名页面设置，在"页面设置管理器"对话框中单击"新建"按钮，打开"新建页面设置"对话框，如图 13.5 所示。在其中输入新的页面设置名称，并在"基础样式"列表框中选择基础样式。

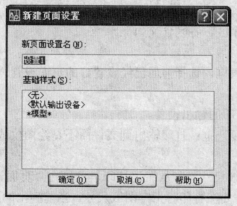

图 13.5 "新建页面设置"对话框

13.3 打 印 图 形

图形打印是在"打印"对话框中进行的，用户可以根据对话框的提示一步步操作。

通过以下三种方式输入命令：

● 下拉菜单"文件" → "打印"。

● 单击标准工具栏按钮"⚅"。
● 键盘输入：PLOT。

输入命令后，弹出"打印"对话框，如图 13.6 所示。

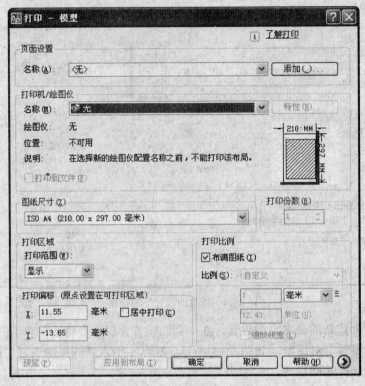

图 13.6　"打印"对话框

"打印"对话框有 7 个区，各区含义如下。

1. 页面设置

在"名称"下拉式列表框内选择前面已经设置好的页面设置。

2. 打印机/绘图仪

（1）名称：选择要打印的输出设备。

（2）"打印到文件"复选框：打印输出到文件而不是绘图仪或打印机。

3. 图纸尺寸

选择要打印输出的图纸尺寸。若从布局打印，可以在"页面设置"对话框中指定图纸尺寸；若从"模型"打印，需要在打印时指定图纸尺寸。当前列出的图纸尺寸取决于用户在"打印"或"页面设置"对话框中选定的打印机或绘图仪。

4. 打印份数

指定要打印的份数。若要同时打印多份图纸，可在"打印份数"列表框中输入数值。

5. 打印区域

指定要打印的图形部分。系统提供了 3 种打印区域。

（1）窗口：打印指定图形的任何部分，用鼠标指定打印区域的对角范围或输入坐标值。

（2）范围：打印包含图形对象的当前空间，当前空间内的所有几何图形都将被打印。打印之前，可能会重新生成图形以计算范围。

（3）图形界限：打印布局时，将打印指定图纸尺寸可打印区域的所有内容，其原点从布局中的（0，0）点计算得出。打印"模型"内容时，将打印栅格界限所定义的整个绘图区域。若当前视口不显示平面视图，该选项与"范围"选项效果相同。

（4）显示：打印"模型"中当前视口中的视图或"布局"中的当前图纸空间视图。

6．打印比例

（1）比例：定义打印的精确比例，将图形调整到所需要的尺寸，如将第 10 章所画的"底层平面图"选择为 1∶100。

（2）"布满图纸"复选框：图形布满图纸，系统自动将图形的高度与宽度调整到与图纸大小相对应的尺寸，此时比例随着图纸的大小而变化，不再是固定值。打印模型空间的透视视图时，无论是否输入了比例，视图都将按图纸尺寸缩放。

7．打印偏移

设置图形偏移图纸左下角的偏移量，通常选择"居中打印"复选框。

单击"预览"按钮，可以看到图形的模拟打印效果，如不满意，可重新设置，再"预览"，直到满意为止。单击"确定"按钮，即可驱动打印机或绘图仪将所指定的图形输出打印到图纸上。

有时 AutoCAD 2007 中绘制的图形不一定要打印出来，只是输出为指定格式的文件，供其他应用程序调用。在"打印机/绘图仪"中选择要输出到文件的选项，主要包括以下内容：

（1）打印为 DWF 文件：DWF（Design Web Format）时一种二维矢量文件，使用这种格式可以在 Web 或 Internet 网络上发布图形。

（2）以 DXB 文件格式打印：DXB（图形交换二进制）文件格式可以使用 DXB 非系统文件驱动程序，通常用于将三维图形"平面化"为二维图形。

（3）以光栅文件格式打印：非系统光栅驱动程序支持若干光栅文件格式，包括 Wingdows BMP、CALS、TIFF、PNG、TGA、PCX 和 JPEG。光栅驱动程序最常用于以"打印到文件"方式输出，以便进行桌面发布。

（4）打印 Adobe PDF 文件：使用 DWG to PDF 驱动程序，可以从图形中创建 Adobe 公司的可移植文档格式（PDF）文件。

（5）打印 Adobe PostScript 文件：使用 Adobe PostScript 驱动程序，可以将 DWG 与许多页面布局程序和存档工具（如 Adobe Acrobat 可移植文档格式）一起使用。

（6）创建打印文件：用户可以使用任何绘图仪配置创建打印文件，并且该打印文件可以使用后台打印软件进行打印，也可以送到专门的打印公司进行打印。

附　录

附录1　上机练习题

1. 按比例绘制下列各图形

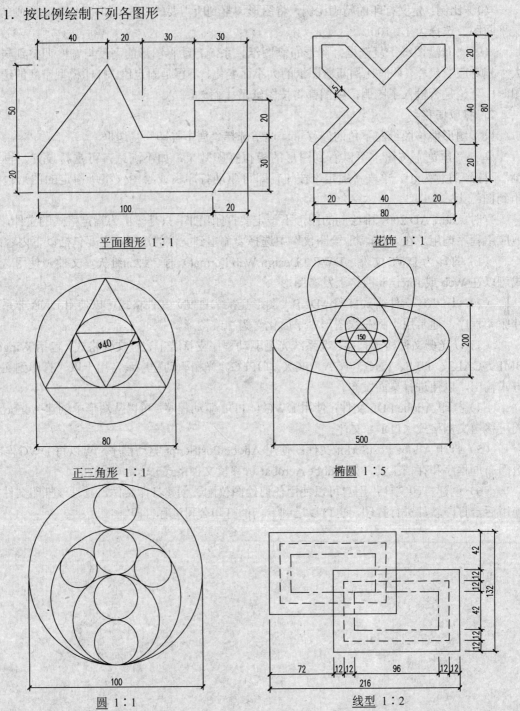

平面图形 1：1

花饰 1：1

正三角形 1：1

椭圆 1：5

圆 1：1

线型 1：2

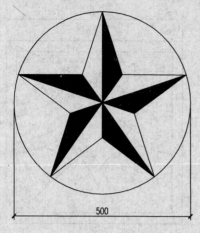

五角星 1:5

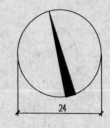

指北针 2:1

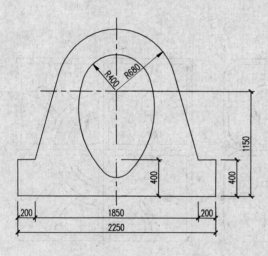

涵洞 1:20

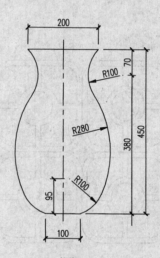

花瓶 1:5

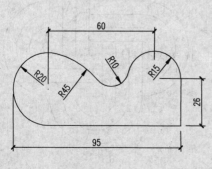

几何图形一 1:1

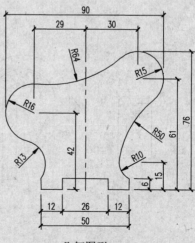

几何图形二 1:1

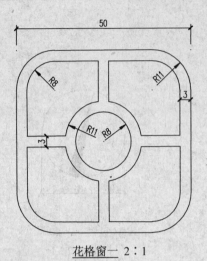

花格窗一 2∶1

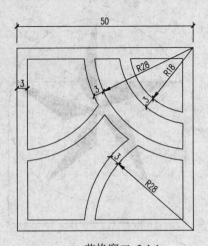

花格窗二 2∶1

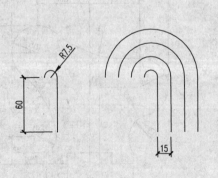

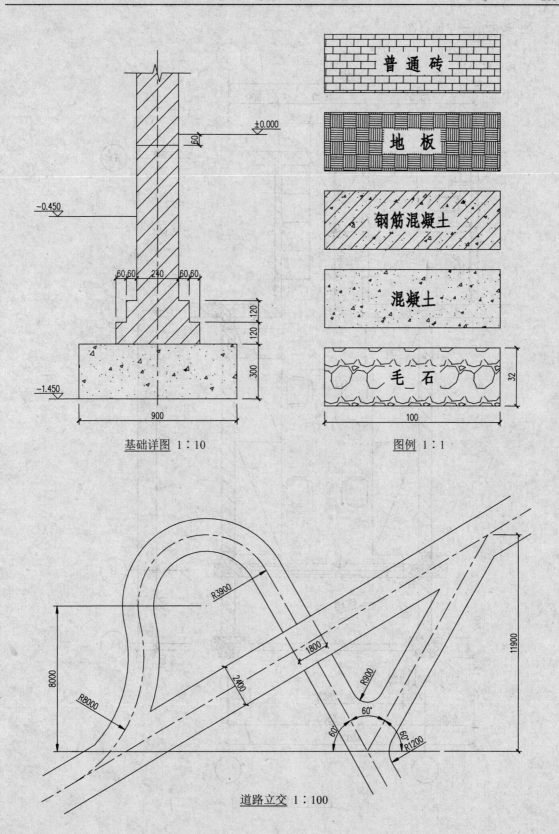

基础详图 1：10

图例 1：1

道路立交 1：100

2. 绘制单元平面详图

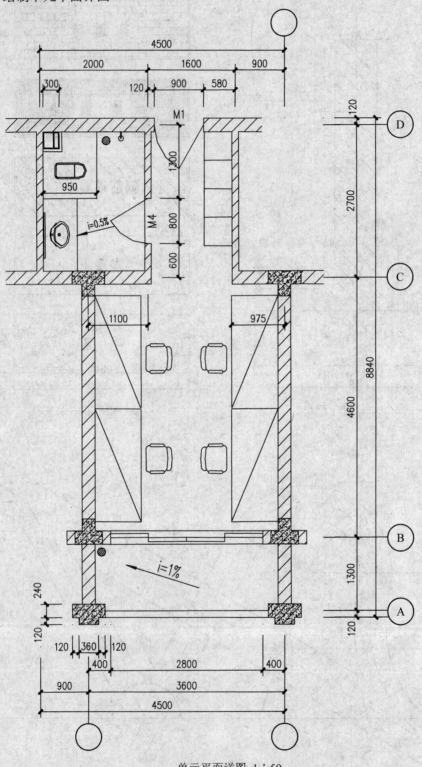

单元平面详图 1∶50

3. 绘制楼梯详图

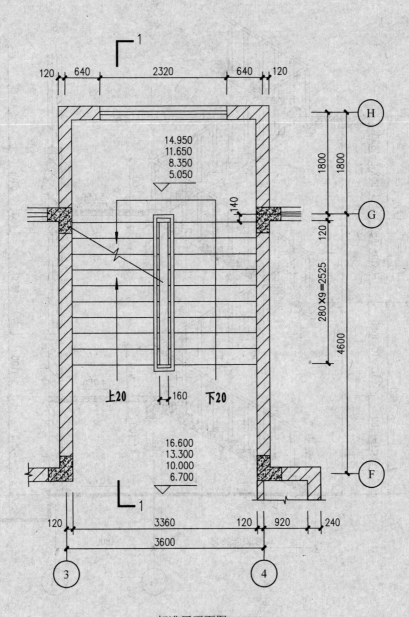

标准层平面图 1∶50

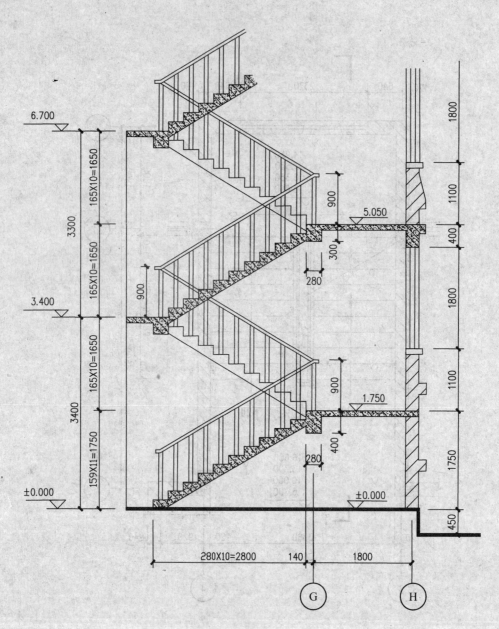

1—1 剖面图 1∶50

附录 2　AutoCAD 2007 命令集

本附录按字母顺序列出了 AutoCAD 2007 常用命令和其功能。

命令	功能
3d	创建三维多边形网格对象
3dalign	在二维和三维空间中将对象与其他对象对齐
3dcorbit	启用交互式三维视图并将对象设置为连续运动
3ddistance	启用交互式三维视图并使对象看起来更近或更远
3ddwf	创建三维模型的三维 DWF 文件，并将其显示在 DWFViewer 中
3dface	在三维空间中的任意位置创建三侧面或四侧面
3dfly	交互式更改三维图形的视图，使用户就像在模型中飞行一样
3dforbit	使用不受约束的动态观察，控制三维中对象的交互式查看
3dmove	在三维视图中显示移动夹点工具，并沿指定方向将对象移动指定距离
3dorbit	控制在三维空间中交互式查看对象
3dpan	启用交互式三维视图并允许用户水平和垂直拖动视图
3drotate	在三维视图中显示旋转夹点工具并围绕基点旋转对象
3dswivel	沿拖动的方向更改视图的目标
3dwalk	交互式更改三维图形的视图，使用户就像在模型中漫游一样
3dzoom	在透视视图中放大和缩小
adcenter	管理和插入块、外部参照和填充图案等内容
arc	创建圆弧
area	计算对象或指定区域的面积和周长
array	创建按指定方式排列的多个对象副本
attsync	用块的当前属性定义更新指定块的全部实例
base	设置当前图形的插入基点
battman	编辑块定义的属性特性
bedit	打开"编辑块定义"对话框，然后打开块编辑器
bhatch	用填充图案或渐变填充来填充封闭区域或选定对象
block	根据选定对象创建块定义
box	创建三维实体长方体
break	在两点之间打断选定对象
browser	启动系统注册表中定义的默认 Web 浏览器
camera	设置相机位置和目标位置，以创建并保存对象的三维透视视图
chamfer	给对象加倒角
checkstandards	检查当前图形的标准冲突情况
circle	创建圆
cone	创建三维实体圆锥
copy	在指定方向上按指定距离复制对象

copyclip	将对象或命令行文本复制到剪贴板上
copytolayer	将一个或多个对象复制到其他图层
cutclip	将对象复制到剪贴板并从图形中删除对象
cylinder	创建三维实体圆柱
ddedit	编辑单行文字、标注文字、属性定义和特征控制框
dimaligned	创建对齐线性标注
dimangular	创建角度标注
dimarc	创建圆弧长度标注
dimbaseline	从上一个或选定标注的基线处创建线性、角度或坐标标注
dimcenter	创建圆和圆弧的圆心标记或中心线
dimcontinue	从上一个或选定标注的第二尺寸界线处创建线性、角度或坐标标注
dimdiameter	创建圆和圆弧的直径标注
dimedit	编辑标注对象上的标注文字和尺寸界线
dimjogged	创建折弯半径标注
dimlinear	创建线性尺寸标注
dimordinate	创建坐标点标注
dimradius	创建圆和圆弧的半径标注
dimstyle	创建和修改标注样式
dimtedit	移动和旋转标注文字
dist	测量两点之间的距离和角度
distantlight	创建平行光
draworder	修改图像和其他对象的绘图顺序
dtext	创建单行文字
dwfattach	将 DWF 参考底图附着到当前图形
eattedit	在块参照中编辑属性
eattext	将块属性信息输出到表或外部文件
ellipse	创建椭圆或椭圆弧
erase	从图形中删除对象
explode	将合成对象分解为其部件对象
extend	将对象延伸到另一对象
extrude	通过拉伸现有二维对象来创建三维原型
fillet	给对象加圆角
find	查找、替换、选择或缩放到指定的文字
geographiclocation	指定某个位置的纬度和经度
gradient	使用渐变填充填充封闭区域或选定对象
hatch	用填充图案、实体填充或渐变填充填充封闭区域或选定对象
hatchedit	修改现有的图案填充或填充
Helix	创建二维螺旋或三维螺旋
help	显示帮助

hide	重生成不显示隐藏线的三维线框模型
id	显示位置的坐标
imageadjust	控制图像的亮度、对比度和褪色度
imageattach	将新的图像附着到当前图形
imageclip	使用剪裁边界定义图像对象的 Subregion
imageframe	控制是否显示和打印图像边框
imagequality	控制图像的显示质量
import	以不同格式输入文件
imprint	将边压印到三维实体上
insert	将图形或命名块放到当前图形中
insertobj	插入链接对象或内嵌对象
intersect	从两个或多个实体或面域的交集创建复合实体或面域并删除交集外的区域
join	将对象合并以形成一个完整的对象
justifytext	改变选定文字对象的对齐点而不改变其位置
laycur	将选定对象所在的图层更改为当前图层
layer	管理图层和图层特性
LayerP	放弃对图层设置所做的上一个或一组更改
layfrz	冻结选定对象所在的图层
layiso	隔离选定对象所在的图层以关闭其他所有图层
laylck	锁定选定对象所在的图层
laymch	更改选定对象所在的图层，以使其匹配目标图层
Laymcur	将选定对象所在的图层设置为当前图层
layoff	关闭选定对象所在的图层
layout	创建并修改图形布局选项卡
laytrans	将图形的图层更改为指定的图层标准
layulk	解锁选定对象所在的图层
Layuniso	打开使用上一个 LAYISO 命令关闭的图层
laywalk	动态显示图形中的图层
lightlist	打开"模型中的光源"窗口以添加和修改光源
line	创建直线段
list	显示选定对象的数据库信息
loft	通过一组两个或多个曲线之间放样来创建三维实体或曲面
markup	显示标记的详细信息并允许用户更改其状态
massprop	计算面域或实体的质量特性
matchprop	将选定对象的特性应用到其他对象
materialmap	显示材质贴图器夹点工具以调整面或对象上的贴图
materials	管理、应用和修改材质
mirror	创建对象的镜像图像副本

move	在指定方向上按指定距离移动对象
mredo	恢复前面几个用 UNDO 或 U 命令放弃的效果
mtext	将文字段落创建为单个多线（多行文字）文字对象
offset	创建同心圆、平行线和平行曲线
open	打开现有的图形文件
osnap	设置执行对象捕捉模式
pagesetup	控制每个新建布局的页面布局、打印设备、图纸尺寸和其他设置
pan	在当前视口中移动视图
pasteclip	插入剪贴板数据
pedit	编辑多段线和三维多边形网络
planesurf	创建平面曲面
pline	创建二维多段线
plot	将图形打印到绘图仪、打印机或文件
point	创建点对象
pointlight	创建点光源
polygon	创建闭合的等边多段线
Polysolid	创建三维多实体
presspull	按住或拖动有限区域
preview	显示图形的打印效果
properties	控制现有对象的特性
publish	将图形发布到 DWF 文件或绘图仪
pyramid	创建三维实体棱锥面
qdim	快速创建标注
qleader	创建引线和引线注释
qnew	通过使用默认图形样板文件的选项启动新图形
qsave	用"选项"对话框中指定的文件格式保存当前图形
quickcalc	打开"快速计算"计算器
rectang	绘制矩形多段线
redo	恢复上一个用 UNDO 或 U 命令放弃的效果
refedit	选择要编辑的外部参照或块参照
region	将包含封闭区域的对象转换为面域对象
render	创建三维线框或实体模型的照片级真实感着色图像
renderenvironment	提供对象外观距离的视觉提示
renderpresets	指定渲染预设和可重复使用的渲染参数来渲染图像
revcloud	创建由连续圆弧组成的多段线以构成云线形
revolve	通过绕轴旋转二维对象来创建三维实体或曲面
rotate	围绕基点旋转对象
rpref	显示"高级渲染设置"选项板以访问高级渲染设置
scale	在 X、Y 和 Z 方向按比例放大或缩小对象

scaletext	增大或缩小选定文字对象而不改变其位置
sheetset	打开图纸集管理器
solidedit	编辑三维实体对象的面和边
spacetrans	在模型空间和图纸空间之间转换长度值
sphere	创建三维实心球体
spline	在指定的公差范围内把光滑曲线拟合成一系列的点
splinedit	编辑样条曲线或样条曲线拟合多段线
spotlight	创建聚光灯
standards	管理标准文件与图形之间的关联性
stats	显示渲染统计信息
stretch	移动或拉伸对象
style	创建、修改或设置命名文字样式
subtract	通过减操作合并选定的面域或实体
sunproperties	打开"阳光特性"窗口并设置阳光的特性
sweep	通过沿路径扫掠二维曲线来创建三维实体或曲面
table	在图形中创建空白表格对象
tablestyle	定义新的表格样式
tolerance	创建形位公差
toolpalettes	打开"工具选项板"窗口
torus	创建三维圆环形实体
transparency	控制图像的背景像素是否透明
trim	按其他对象定义的剪切边修剪对象
u	撤销上一次操作
ucs	管理用户坐标系
ucsman	管理已定义的用户坐标系
undo	撤消命令的效果
union	通过添加操作合并选定面域或实体
view	保存和恢复命名视图、相机视图、布局视图和预设视图
visualstyles	创建和修改视觉样式，并将视觉样式应用到视口
vpclip	剪裁视口对象并调整视口边界形状
vpmax	展开当前布局视口以进行编辑
vpmin	恢复当前布局视口
vports	在模型空间或图纸空间中创建多个视口
vscurrent	设定当前视口的视觉样式
walkflysettings	指定漫游和飞行设置
wblock	将对象或块写入新图形文件
wedge	创建五面三维实体，并使其倾斜面沿 X 轴方向
wssettings	设置工作空间的选项
xattach	将外部参照附着到当前图形

xbind	将外部参照中命名对象的一个或多个定义绑定到当前图形
xclip	定义外部参照或块剪裁边界，并设置前剪裁平面和后剪裁平面
xline	创建无限长的线
zoom	放大或缩小显示当前视口中对象的外观尺寸

附录 3　AutoCAD 2007 图案库

本附录列出了 AutoCAD 2007 图案的样式名和图案样例。

1. ANSI 图案

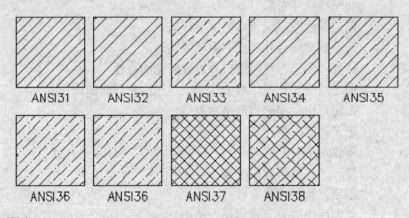

2. ISO 图案

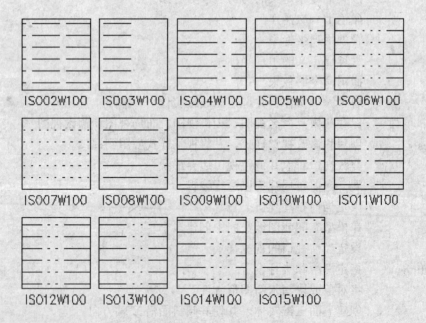

3. 其他预定义图案

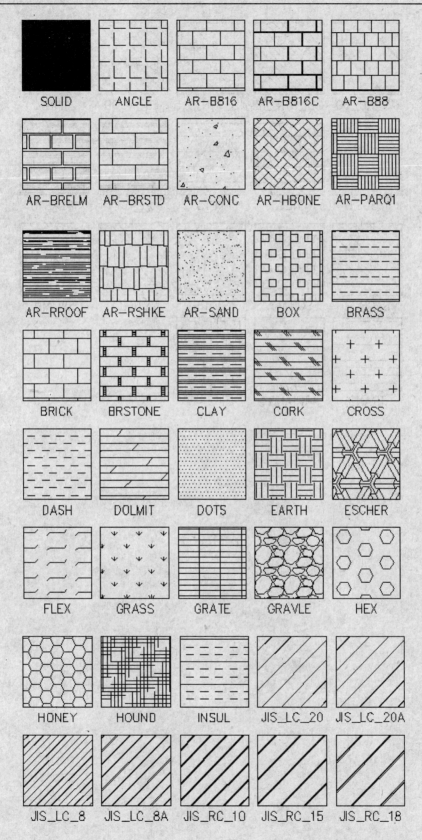

SOLID	ANGLE	AR-B816	AR-B816C	AR-B88
AR-BRELM	AR-BRSTD	AR-CONC	AR-HBONE	AR-PARQ1
AR-RROOF	AR-RSHKE	AR-SAND	BOX	BRASS
BRICK	BRSTONE	CLAY	CORK	CROSS
DASH	DOLMIT	DOTS	EARTH	ESCHER
FLEX	GRASS	GRATE	GRAVLE	HEX
HONEY	HOUND	INSUL	JIS_LC_20	JIS_LC_20A
JIS_LC_8	JIS_LC_8A	JIS_RC_10	JIS_RC_15	JIS_RC_18

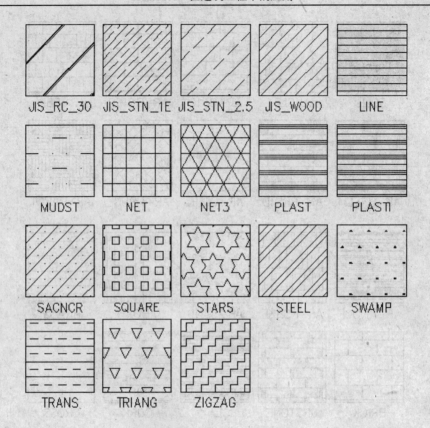